▲口絵1　負荷をかけた筋力トレーニングによる肉体改造も、生物のもつ表現型可塑性のひとつということができる
（本文 34 頁参照）

▶口絵2
コウグンシロアリの採餌行進。
夕刻になると巣からでて地衣類を採餌する
（本文 42 頁参照）

◀口絵 3
採餌場でみられる
コウグンシロアリのワーカー間の分業
（本文 56 頁参照）

▼口絵 4　オオシロアリ。
シロアリの中では比較的原始的な系統にあたる
（本文 61 頁参照）

▲口絵 5　エンドウヒゲナガアブラムシの翅多型。
無翅型（左）と有翅型（右）
（本文 89 頁参照）

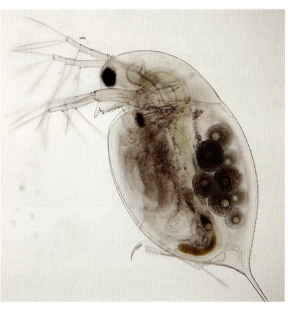

▶口絵 6
ミジンコの体制。
ミジンコは甲殻類だが、
独特の体制をしている。
大きく飛び出した腕のような構造
は第 2 触角と呼ばれ、
これを動かすことで遊泳を行う。
体全体は外骨格で覆われており、
背部には育房と
呼ばれる隙間があり、
ここで抱卵をして
孵化まで保育する。
捕食者がいると後頭部に
ネックティースを生じる
（本文 105 頁参照）

▲口絵 7　フトアゴヒゲトカゲの産卵（左）と孵化（右）。
このトカゲは遺伝的性決定と温度依存的性決定の中間的な様式をとる
（本文 124 頁参照）

▲口絵 9
JHA 処理により異常に大顎が伸長した
メタリフェルホソアカクワガタの蛹（右）。
左は通常の蛹
（本文 134 頁参照）

▶口絵 8
メタリフェルホソアカクワガタの雌雄。
オス（右）は巨大な大顎を生じるが、
幼虫期の餌条件により大きく変異する
（本文 132 頁参照）

シリーズ **進化生物学の新潮流**

表現型可塑性の生物学

生態発生学入門

三浦 徹
Miura Toru

［著］

日評ベーシック・シリーズ

日本評論社

◆ シリーズ 進化生物学の新潮流 ◆

［発刊趣旨］
進化はいまも進行中のダイナミックなプロセスであり、すべての生物はつねに変わりつづけている。こうした進化の過程でわれわれヒトを含む生物がどのようにして生まれ、いかにして生命活動を維持し、世代を連ねるようになったのか。本シリーズでは、進化生物学が分子遺伝学をはじめ発生学、生態学などさまざまな研究分野の粋と触れ合うなかでみえてきた新たな地平のもと、目を見開くような興味深いトピックを取り上げていく。

はじめに

　本書は、どの生物ももつ表現型可塑性という性質について、著者のこれまでの研究内容をはじめ、研究の背景などを解説したものである。

　著者は大学院に進学して以来、社会性昆虫であるシロアリの生態と社会行動に関する研究をしてきたが、実ははじめからシロアリに興味があったわけではない。そもそも幼少の頃から昆虫が大好きで、多様な形態を示す熱帯の昆虫類に多大なる好奇心を抱いてきた。大学の学部生時代には西表島やボルネオ島を旅し、熱帯雨林で昆虫の研究をしようと、大学院に進学した。ところが、フィールドに選んだボルネオ島の熱帯雨林では、確かに興味深い昆虫はいるのだが、コノハムシや巨大なカブトムシのような憧れの昆虫に出会う頻度はそれほど多くない。それに比べ社会性昆虫であるアリやシロアリは熱帯雨林の林床のいたるところに見つけることができる。なかでも興味をひいたのが、本書でも詳しく述べるコウグンシロアリであり、そこで、このシロアリの採餌行動を修士課程で研究することになったというわけである。

　社会性昆虫の社会行動を詳しくみればみるほど、働きアリや兵隊アリなどカースト間の分業が緻密に行われている点が重要であり、コロニー（巣）内に適切な割合でそれぞれのカーストを発生させることが肝要で、かつ未解明な点が多いことに気づいた。つまり社会行動を実現するには、個体発生のコントロールが重要である、ということである。こうして、修士の時の社会行動に関する研究に端を発し、博士課程ではシロアリのカースト分化の発生機構の研究へと移行していった。社会性昆虫のカースト分化は、同時に、表現型多型 polyphenism という現象の一部であるということにも着目するようになり、現在では、社会性昆虫のみならずどんな生物でも、発生の過程で環境の影響を受けるのであって、表現型の発現に反映される現象は表現型進化を考えるうえで重要であると考えている。

　本書は、こうした著者の研究の経緯から、社会性にはじまり表現型多型／表

現型可塑性に至る進化学的思考と、現在の研究のトレンドなどについて、わかりやすく解説し、読者に理解してもらうことを目的としている。とくに、近年になって勃興してきた、生態発生学 ecological developmental biology について解説する。また社会性昆虫を取り巻く分野では、分子社会生物学 molecular sociobiology やソシオゲノミクス（ゲノム社会学）sociogenomics といった分野が注目されており、これらについても詳しく紹介したい。生態発生学、分子社会生物学のいずれも、生態学や発生学、分子生物学など幅広い生物学分野が融合してはじめて研究・解析が可能となるような新たな試みである。このような生物学の流れはもちろん、20 世紀後半以降の分子生物学の発展や、近年のゲノミクス（ゲノム科学）の進展などによるところが大きい。21 世紀の生物学はこれらが提供する膨大な情報をどれだけ上手に利用していくかにかかっているといっても過言ではないだろう。

　本書は主として、これから生物学系研究者を目ざす大学生・大学院生を読者対象としているが、生物学に興味をもつ一般の読者にもわかるように心がけた。また、生態学のさまざまな興味深い現象をご存知な研究者（生態学者）の方がたには、われわれが行っているアプローチを利用することで、また新たに、違った角度から現象がみえてくるという可能性を感じてもらえれば幸いである。そして、環境による可塑性に関心のある発生学者や進化発生学者の方がたにも興味をもっていただき、生態学・進化学・発生学の橋渡しの一助となれば、この上ない幸せである。

三浦　徹

［目　次］

はじめに　iii

第1章　生態・発生・進化をどう理解するか　1
1.1　生態学とは　1
1.2　発生と環境――環境とゲノムのインターフェイス＝表現型　4
1.3　生態発生学　4
1.4　分子社会生物学と社会性進化に関する研究の進展　6

第2章　分子生物学と進化発生学の発展　8
2.1　分子生物学の発展　8
2.2　分子生物学の技術　9
2.3　次世代シーケンス時代の到来　12
2.4　進歩する遺伝子機能解析の技術　14
2.5　進化発生学 Evo-Devo　15
　　2.5.1　発生過程の進化とは
　　2.5.2　モジュール性
　　2.5.3　異時性・異所性
　　2.5.4　コオプション

第3章　生態発生学の幕開け　22
3.1　発生学と発生生物学　22
3.2　表現型可塑性の生物学　24
3.3　リアクション・ノーム　25
3.4　遺伝か環境か　27

3.5　動物における表現型可塑性の例　29
　　3.5.1　水生動物の被食防御形態形成
　　3.5.2　オタマジャクシの被食防御
　　3.5.3　花序に擬態するガの幼虫
　　3.5.4　バッタの相変異
　　3.5.5　温度に依存した哺乳類の毛色
　　3.5.6　爬虫類にみられる温度依存的性決定
　　3.5.7　魚類の性転換
　　3.5.8　オス糞虫の角多型
　　3.5.9　筋肉発達の可塑性
　　3.5.10　シクリッドの顎の発達
3.6　表現型多型の生成過程　36
3.7　エピジェネティック・ランドスケープ　38
3.8　最近の可塑性に関する研究動向　39

第4章　社会性昆虫シロアリの社会行動とカースト多型 …………40

4.1　コウグンシロアリとの出会い　41
4.2　熱帯におけるシロアリの多様性　43
4.3　シロアリの系統学的位置　44
4.4　カースト間の分業　50
4.5　シロアリの生活史とカースト分化経路　51
4.6　コウグンシロアリの採餌行動　52
4.7　コウグンシロアリの栄養生態　55
4.8　ワーカー間の分業と多型ワーカーの発見　56
4.9　社会行動と個体発生の制御　57

第5章　カースト分化の発生機構 ……………………………60

5.1　カースト分化研究のための材料の選定　60
5.2　カースト分化経路　61
5.3　屋久島にてオオシロアリ採集　64

- 5.4 幼若ホルモン類似体による兵隊分化の誘導　65
- 5.5 カースト分化における形態形成　66
- 5.6 前兵隊ステージにおける頭部の成長　69
- 5.7 テングシロアリ兵隊の額腺突起原基　70
- 5.8 幼若ホルモンによる制御　72
- 5.9 インスリン経路とカースト分化　76
- 5.10 ツールキット遺伝子　77
- 5.11 個体間相互作用によるカースト分化制御　79
- 5.12 ソシオゲノミクス・分子社会生物学とは　81
- 5.13 社会性にかかわる遺伝子の発現　83
- 5.14 親子関係の分子基盤　83
- 5.15 順位行動に関わる生理機構　84
- 5.16 繁殖的グランドプラン仮説　85

第6章　アブラムシの表現型多型　87

- 6.1 北海道のユキムシ　88
- 6.2 翅多型　89
- 6.3 繁殖多型　96
- 6.4 オス産生の仕掛け　97
- 6.5 胚発生の多型　99
- 6.6 アブラムシにみられる真社会性——兵隊アブラムシ　101
- 6.7 これからのアブラムシ生物学　103

第7章　ミジンコの誘導防御　105

- 7.1 ミジンコとは　105
- 7.2 ミジンコの生活史　106
- 7.3 ミジンコにみられる形態輪廻(季節的形態変化)　107
- 7.4 誘導防御　108
- 7.5 ネックティースの形成機構　110

7.6　カイロモン感受期　111
7.7　体サイズと防御形態のトレードオフ　111
7.8　防御形態形成の分子機構　113
7.9　リアクション・ノームの進化　114
7.10　繁殖多型　114
7.11　ミジンコにおける幼若ホルモン受容機構　117
7.12　低酸素に対するヘモグロビン合成　118
7.13　ミジンコも可塑性の権化　119

第8章　性的二型と表現型可塑性 ……………………………… 121

8.1　性的二型と表現型可塑性　121
8.2　温度依存的性決定　122
8.3　共生・寄生微生物による性の操作　124
8.4　性特異的形質　125
8.5　糞虫の角形質の発生と進化　127
8.6　糞虫における角の二型の適応的意義とトレードオフ　128
8.7　クワガタムシ類にみられる大顎形態の性的二型　130
　　8.7.1　メタリフェルホソアカクワガタ
　　8.7.2　前蛹期の幼若ホルモン濃度が大顎サイズを決める
　　8.7.3　Doublesex 遺伝子による性的形質の誘導
8.8　性的形質の進化——クロスセクシャル・トランスファー　136

第9章　氏か育ちか——生態発生学の応用的側面 ……………… 139

9.1　環境要因とヒトとのかかわり　139
9.2　催奇性因子——胚発生における環境の影響　140
　　9.2.1　風疹
　　9.2.2　サリドマイド
　　9.2.3　重金属
　　9.2.4　アルコールとニコチン

9.2.5　催奇性因子に関する情報の蓄積
　9.3　内分泌攪乱物質　147
　　　9.3.1　レチノイド
　　　9.3.2　ジクロロジフェニルトリクロロエタン（DDT）
　　　9.3.3　ジエチルスチルベストロール（DES）
　　　9.3.4　大豆イソフラボン
　9.4　ヒトの発生過程における遺伝的要因と環境要因　152
　　　9.4.1　生得説と経験説
　　　9.4.2　赤ちゃんの反射行動
　　　9.4.3　遺伝と環境の相互作用による行動傾向の形成
　　　9.4.4　成長期における学習能力と言語獲得
　9.5　環境と疾病　159

第10章　表現型可塑性と進化　161

　10.1　適応的な可塑性と非適応的な可塑性　161
　10.2　可塑性と多様性　162
　10.3　ダーウィニズムとは　163
　10.4　ラマルキズム　164
　10.5　ボールドウィン効果　165
　10.6　遺伝的同化　166
　10.7　表現型順応が遺伝的順応をリードする　168
　10.8　表現型統合　171
　10.9　表現型可塑性と進化可能性　172

　参考文献　175
　おわりに　195
　索　引　201

[コラム・目次]

Zoom Lens

セントラルドグマと遺伝子発現の検出　10／完全変態と不完全変態　45

シロアリと腸内原生動物の共生関係　48／さまざまな社会性の程度　49

社会性昆虫の生活史　51／グンタイアリの行進　53

フェロモン　55／ガットパージ：脱皮・変態の仕組み　67

ツールキット遺伝子　78／アポトーシスと形態形成　92

アブラムシにおける生活史の進化　93／配偶者選択の理論　126

第1章

生態・発生・進化をどう理解するか

1.1 生態学とは

　生態学 ecology とは、どのような学問分野なのだろうか。一般的には「生物とその環境の間の相互関係の科学」であり、またある教科書によれば、「生態学とは、生物の生活の法則をその環境との関係で解き明かす科学」と記述されることもある（日本生態学会 2004）[1]。

　生物は環境に適応して進化してきており、棲息している環境条件に見合った生活様式を示している。生物、とくに多細胞生物は個体の存続は永遠ではないため、子孫を残して自らはいずれ死んでいく。一生のなかでどのように成長し繁殖していくのかは、種によっておおむねパターンが決まっており、この世代ごとの生活のサイクルを生活史 life history あるいは生活環 life cycle と呼ぶ。生物の生活は環境により左右されることが多々あるが、その一方で生物は環境をつくるということもできる。生物の営みにより物理環境が改変されることもあるだろうし、生物の存在そのものが、他個体や他種にとっては外的要因すなわち環境となりうる。この生物の環境に対する反作用は環境形成作用といわれる。

　生態学では、個体の集合である個体群や群集の生物学、つまりマクロ生物学として、さまざまな研究がなされてきているが、どのような学問分野だろうか。生態学では、生物同士の相互作用に着目することが多くあり、ここが他の生物学分野と大きく異なるところでもある。発生学にしても生理学にしても、一個体の内部で起こる生物現象を扱うことが多い。ましてや細胞生物学や分子生物

学は細胞の中の事象を扱うことが多い。同種の個体間では、競争や配偶行動、社会性などがあり、異種間であれば捕食被食関係などさまざまな相互作用がある。生態学では、ある空間に存在する同種の集合を個体群 population とし、特定の空間を占める異種からなる生物集団の総体を群集 community と呼ぶ。それぞれ、個体群を扱うのが個体群生態学 population ecology であり、群集を扱うのが群集生態学 community ecology となる。オダム（E.P. Odum）(1953) [2] によれば、生態学とは「生物の集団、すなわち個体群と群集の生物学である」とされている（嶋田ら 2005）[3]。個体群生態学や群集生態学も、生物間のどのような相互作用が生物の空間分布パターンとその時間的動態を規定するのかを理解するのが目的のひとつである。

　本書では環境に合った（都合のよい）形質を可塑的に発現する生物の話を多くするが、環境に都合のよい形質をもつ（ように進化する）ことを「適応 adaptation」という。適応は、ある形質に遺伝的な変異が存在し、そこに選択（自然選択あるいは性選択）がかかることによって起こる。もともと同種であっても異なる環境に適応し、生殖隔離が生じて、遺伝子交流が長期間にわたりなくなれば、形質の異なる別種へと種分化していく。この過程が繰り返されることで多種多様な形質をもつ生物種へと進化していく。

　生態学では多くの場合、生物の戦略についての理解を深めることを目的としており、生物現象の起こる至近要因（メカニズム）より、究極要因（なぜ何のためにそのような戦略をとるのか）ということを議論することが多い。究極要因は、ともすると目的論的に聞こえるが、進化は決して合目的的に起こるわけではない。先に述べたように選択の結果、合目的的にみえる形質をもつ個体が進化（適応）している、ということになる。

　生物学は進化を考慮しなければ意味をなさないとドブジャンスキー（T. Dobzhansky）が述べたように（Dobzhansky 1973）[4]、生態学は進化を照らして考えることが非常に多く（保全生態学など必ずしもそうでもない場合もあるが）、「進化生態学 evolutionary ecology」という研究分野が構築され学術雑誌なども多数存在している。当然のことであるが、個体群などの性質は生物の種により異なり、そこにはその生物のもつさまざまな生物学的性質（あるいは特定の環境下での物理学的特性も含む）が複雑に関与しているが、生態学では個体の内部で起

こる生理学的および生化学的な事象に関しては一部を除いて着目せず、ブラックボックスとして扱う場合がほとんどであった。

しかしその一方で、20世紀後半以降には分子生物学をはじめとするミクロ生物学が大きく進展したことにより、分子マーカーなどを利用する分子生態学 molecular ecology と呼ばれる分野も発達し、個体群の遺伝構造や種間の系統関係に関する理解も進んできた。いわゆる分子マーカーを用いた集団遺伝学や分子系統学がこれにあたる。このような流れのなかで、生態学のなかにも分子を解析のツールとして使う動きが定着していくことになった。

では、発生学、生理学、生化学などの分野はどうだったのだろうか。これらの分野は、再現性よく実験することが重要視されるので、研究室内での実験に好適な材料をモデル生物化することにより、さまざまな実験が行われてきた。マウスやショウジョウバエがその代表である。つまり、「個体レベル以下を扱う生物学」と「個体レベル以上を扱う生物学」の間に少なからず隔たりがあったということができるだろう。群集などの個体レベル以上を扱う生態学においても、個体間相互作用と、それにより個体内に引き起こされる生物学的イベントとの間には密接な関係があり、その理解も生物の実態を知るうえでは必要なことであろう。本書では、マクロ生物学である生態学と、生理学や分子生物学などのミクロ生物学とのギャップを埋めるべく、今後どのような研究が展開されていくのかも浮き彫りにしていきたい。

私自身の研究は、フィールドで昆虫の行動と生態を観察することから始まったのだが、研究を進めるにつれ、対象としているシロアリの発生の過程や生理メカニズムなどが、社会行動などにとっても非常に重要であると感じるようになった（これについては後の章で詳述）。その後、私自身の研究は同じ生物を対象としていながらもミクロ生物学的手法も取り入れ、発生システムや遺伝子発現の研究まで行うようになり、そこから進化についても考えるようになっていった。生物の「生きざま」そのものに生態学や生理学、分子生物学という境界はなく、それらの分野は、人間が学問を構築するうえで便宜的にもうけた「枠」である。もちろんそういったカテゴライズも時として大切であることは論をまたないが、私はあえてその境界領域を攻めることで、これまで未知であったことを解明していきたいと考えている。ここではこれまでの知見を整理して、今

後生態学が他の分野と連携してさらに発展し、生物をよりいっそう理解していくための一助になることを期待している。

1.2 発生と環境——環境とゲノムのインターフェイス＝表現型

　生物の形質は、形態や行動などがあげられるが、こういったものをその生物の「表現型」という。多くの人は高校の生物学の遺伝のところで、表現型という言葉を「遺伝子型」という言葉との対比で学んできたかと思う。表現型は遺伝子の型によって規定されるわけだが、いい換えると、ゲノム情報に基づいて表現型は構築されるということである。しかし、表現型は本当に遺伝的な情報（ゲノム）に基づいて一義的に決定されるのだろうか。生物学の教科書のメンデル遺伝の項で扱われるような例は、遺伝子型で決定される典型的な形質（マメの形や色など）をあげていると思うが、生物の形質というのは、おかれた状況によって可塑的に変化することが非常に多い。

　ひとことで可塑性といっても、ランダムなゆらぎによって形質が変異することももちろんあるが、多くの生物ではその個体がおかれた環境条件に適した表現型に臨機応変に変化させることがしばしばある。この性質を表現型可塑性 phenotypic plasticity といい、時としてノイズのようなものとして扱われがちだが、実はこの性質が生物にとってはきわめて重要である。つまり表現型は、ゲノムの情報と環境からの情報との協調により決定されていくのである。また逆に、自然選択や性選択により生物の性質は進化してきたが、直接選択を受けているものは表現型で、それを規定している遺伝子が結果的に選択されているということになる。このように表現型はゲノムと環境とのインターフェイスであり、「その生物の性質そのもの」であるということもできる（図1.1）。

1.3 生態発生学

　そして、もうひとつ忘れてはならない重要なことは、その表現型を決定づけているものは、「発生過程」であるということである。発生学と進化学が融合した「進化発生学」あるいは「発生進化学」つまり Evo-Devo (evolutionary

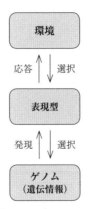

図 1.1　環境とゲノムのインターフェイス＝表現型

developmental biology；エボデボ）と呼ばれる分野が、1990 年代以降に一大潮流として流行してきた。生物の体づくりの設計図をボディプランというが、これがどのように遺伝子によって規定され、その遺伝子の発現機構がいかに進化することにより、生物の形の進化が起こってきたのか、を理解しようとする学問分野である。発生により、生物の最たる特徴である「形態」が決まるわけだが、ここでのエッセンスは、「形態の進化は、その形態を形づくる発生過程の進化であり、ひいては発生を制御する遺伝子システムの進化である」ということに集約されよう（Hall 1999 [5], Carroll et al. 2001 [6]）。

　さらに 2001 年には、発生学者のギルバート（S.F. Gilbert）により、生態発生学 ecological developmental biology（略して Eco-Devo；エコデボ）という分野が語られはじめた（Gilbert 2001）[7]。先に述べたような生物の形質が、環境要因にも左右されることは古くから知られていたことだが、それを発生学の土俵の上にのせて考えようという動きである（第 3 章で詳述）。逆に、環境によるゆらぎまでを視野に入れた新しい発生学、ということもできるだろう。後で詳しく述べるが、捕食者の存在により誘導される形態など、さまざまな生物種で環境要因によって、新たな発生プログラムが ON になり、新規の形態ができてくるというわけである。エコデボは、その名前からも生態学と発生学の融合であることがわかるが、当然、エボデボの流れも受けているので、生態学、発生学、進化学の融合と考えたほうがよいだろう（図 1.2）。

図 1.2 生態学・発生学・進化学の融合

1.4 分子社会生物学と社会性進化に関する研究の進展

　もうひとつの最近の流れに、ゲノム生物学の進展があげられる。とくに私が長年研究してきた社会性昆虫（動物）を対象とした社会生物学 sociobiology において、ソシオゲノミクス sociogenomics（ゲノム社会生物学）あるいは分子社会生物学という言葉が1999年あたりよりロビンソン（G. Robinson）により唱えられはじめた（Robinson 1999）[8]。この背景には、ミツバチでゲノムの解読が完了し、また、さまざまな社会性昆虫での遺伝子発現解析が行われるようになってきていることがある。分子生物学的実験が、誰でも手軽に、またどのような生物種に対しても（ある程度までは）適用することが可能となったことが鍵となり、われわれの研究室でもシロアリやアリを用いて同様の研究を行っている。これまでの社会生物学では、生態や行動の解析や観察される事象の適応的意義に関する仮説を実証する研究が主流であったが、社会生物学においてもでもマクロ生物学とミクロ生物学の融合あるいは密接な提携により新たなフロンティアが開拓されている。分子社会生物学あるいはソシオゲノミクスに関しては第5章で詳しく述べる。

　本書では、まず第2章で近年の生物学全般の進展がどのようなものであったかを概観し、生態学のなかでも分子生物学の発展が及ぼした寄与について論じ

たい。さらに近年盛んに行われてきている進化発生学 Evo-Devo のトレンドについても紹介する。第3章では、本書のメインテーマである表現型可塑性と表現型多型について詳しく解説する。第4章では、著者が研究を行ってきた社会性昆虫の魅力について述べ、社会行動を構築するうえでカースト分化がいかに重要かを説明する。さらに第5章では、カースト分化を決定する至近要因について細かく議論し、ソシオゲノミクスあるいは分子社会生物学の進展について研究例を紹介する。さらに、著者がこれまでかかわってきた、アブラムシにおける表現型多型（第6章）、ミジンコの誘導防御（第7章）についても詳しく紹介し、クワガタムシなどにみられる性的二型についてもいくつかの研究例に触れ、進化学的な考察もしていきたい（第8章）。そして、われわれヒトにおいても表現型可塑性の話は他人事ではなく、さまざまな環境要因が発生過程や学習の過程にもかかわっているので、それについてもこれまでの知見をまとめてみたい（第9章）。最後に可塑性と生物の進化のかかわりについて述べ、今後の展望を試みる（第10章）。

第2章

分子生物学と進化発生学の発展

2.1 分子生物学の発展

　1950年代にDNAの2重らせん構造が決定されてから、分子生物学・分子遺伝学はめざましい発展をとげた。以来、生物の遺伝の実体を担うDNAという分子を取り巻く機構が次つぎと解明された。さらに、それらの基礎知識をもとに遺伝子を操作する実験なども可能となった。このような革新的な生物学の発展により、遺伝子工学という新しい分野も生まれ、医学や農学など応用面でも分子生物学的技術はその威力を発揮した。生態学においても例外ではなく、DNAやアイソザイムなどの多型を利用した集団遺伝学的解析が、20世紀の終わりにかけてさまざまな対象種に対して幅広く行われるようになってきた。とくに、PCR（polymerase chain reaction）技術の開発により、微量のサンプルからでもDNAを増幅してその配列情報を利用することが可能となり、正確かつ簡便に集団間の遺伝的多型の検出や系統間の遺伝的な相違などが検出できるようになった。1992年には、*Molecular Ecology*（分子生態学）という国際学術雑誌も創刊され、種々の分類群についての論文が掲載されている。実際に、掲載される論文数も増え、インパクトファクターも上昇の一途をたどってきている。最近ではマイクロサテライトマーカーを用いた血縁関係の解析や分子系統学的な研究は実にさまざまな生物で普通に適用できるようになってきている。これらの研究手法の発展により、生態学や進化生物学の理解も進められてきた。

　さらに近年になって、生態学的な現象に対しても、DNAの情報をマーカーとして用いるだけでなく、実際に機能している分子機構の解明がされはじめ

ようになった。生態学でしか扱われてこなかったような諸々の現象が、分子生物学のツールを用いてその至近的なメカニズムに関しても解析することが可能になりつつあるのである。逆にいうと、分子生物学や発生学などの分野においても、モデル実験生物のみを用いた研究テーマに限らず、生態学などの対象となっていた生物現象を、その対象とするようになってきた。モデル実験生物を用いた研究は（非モデル生物に比べると）効率よくかつ正確に研究目的に近づけるため、非常に有益かつ便利であるが、地球上に存在するすべての生物種やそれを取り巻く生物現象は、モデル実験系の研究のみからわかるものではない。そのため、野外の生物種などにも、実験室で使える手法が適用できるようになれば、さまざまな現象の理解が深められることになる。後に詳しく述べるように、表現型可塑性などの生物現象も、生態学の教科書では古くから扱われてきたが、分子機構や発生機構に関しては、これまでほとんど研究されてこなかった。しかし最近では、このような生物の条件依存的に変わる形質を、遺伝子発現など分子のレベルで解析し理解する試みが次つぎとなされるようになり、われわれの研究室でも取り組んできている。

2.2 分子生物学の技術

　DNA の構造発見から遺伝子の発現機構すなわちセントラルドグマの理解は、分子生物学の基本となるばかりでなく、生態学まで含めた生物現象をとらえるうえで非常に重要である。DNA や RNA、タンパク質を扱った分子生物学的技術はめざましく発展し、さまざまな分野で応用されている。現在では、製薬会社や理化学機器・医療機器メーカーにより多様な遺伝子解析の機器やキットが開発され、安価で効率的かつ簡便な分子生物学的・分子遺伝学的解析が可能になってきている（**Zoom Lens** セントラルドグマと遺伝子発現の検出）。

　後に詳しく述べるように、われわれは同種内で異なる表現型を示す生物種を用いてその発生機構に関する研究をしているが、その背景には何らかの発生過程の差を生み出す遺伝子発現の差違 differential gene expression が存在しているはずである（**Zoom Lens** 参照）。遺伝子発現の差違を見出す方法には、いくつかの方法があり、いずれも PCR などの方法を用いれば、誰でも簡単に（そう簡

Zoom Lens｜セントラルドグマと遺伝子発現の検出

　物理学や化学には、一般的な定理や原理を示す「法則」が存在するが、生物学においてすべての生物に共通する原理をあげるとしたら、それは「セントラルドグマ」ということになるだろう。セントラルドグマは日本語訳すると「中心教義」という意味である。生物のもつ遺伝情報は DNA が転写されて mRNA となり、mRNA が翻訳されてタンパク質になることによって、遺伝子機能が果たされるというものである。核内に存在する DNA は RNA ポリメラーゼの働きにより mRNA に転写され、細胞質へと輸送される。細胞質では、mRNA はリボソームと結合し、遺伝暗号（塩基配列の三つの組合せからなるコドン）に従ってアミノ酸配列へと翻訳され、タンパク質が合成され、酵素や構造タンパクとしての機能を果たす。

　ゲノム上の遺伝子が使われ、表現型へと寄与することを「発現する」という。本来であれば、セントラルドグマ全体の流れが遺伝子発現の過程なのであるが、DNA が mRNA へと転写されるところを検出・定量して「遺伝子が発現している」としている場合が多い。もちろん、mRNA やタンパク質の合成だけでなく、これらの分解過程や、これらが機能するように働く別の因子の存在も、発現に影響を与える。しかしそれらを総合的にとらえるのは技術的にも、解釈としても難しいため、注目している組織内の「mRNA の存在量」をもって「遺伝子発現量」としていることが多い。

　異なる組織、あるいは異なるタイプの表現型では、この過程が異なることにより、同じゲノムをもつ細胞集団や個体でも、異なる表現型を発現することになる。逆にいうと表現型が異なる組織や個体間では、何らかの遺伝子発現の差違が存在するはずである。われわれ研究者は mRNA の存在比を、比較すべき実験群間で比較することで、「特異的に発現する遺伝子」を同定するのである。

単でもないが）発現に差のある遺伝子を検出できるようになった。さらに数年前ぐらいからは、格段に効率的かつ網羅的な方法が用いられるようになっている。そのような時代の流れのなかでは、もはや主流ではなくなりつつあるが、1990 年代頃からわれわれがよく用いていた方法にディファレンシャルディスプレイ differential display 法とサブトラクション subtraction 法がある。いず

れの方法も、遺伝子発現の差違を見出すため、組織内で転写されているmRNAを、対象としている実験群間（組織間や個体間）で比較する方法である。

ディファレンシャルディスプレイ法は、oligo-dTプライマーを用いて逆転写を行い（真核生物のmRNAの3′末にはポリA配列があるため、Tが数塩基並んだプライマーはポリAと相補的に結合する）、さらにoligo-dTおよび任意配列からなるプライマーを用いてPCRの後、電気泳動によって片方の組織または個体に特異的なバンドを検出するものである（Liang and Pardee 1992）[1]。ディファレンシャルディスプレイ法は、任意プライマーを用いてPCRにより増幅されたバンドの差を検出するため、発現量が少ない転写産物でも検出ができるという長所をもつ反面、PCRによるエラー（増幅ミス）の確率も増えるため、擬陽性（フォルスポジティブ：本当は発現量に差がないのに、差があるかのように検出される）が出ることがある。このため、ディファレンシャルディスプレイ法で検出した遺伝子候補については、ノーザンハイブリダイゼーションや定量PCRなどの別の方法で、本当に発現量に差があることを確認しなくてはならない。

サブトラクション法は、ディファレンシャルディスプレイ法に比べ、もう少し巧妙な方法である。特異的に発現する遺伝子について、それを単離したい検体（tester）から抽出したmRNAを逆転写したcDNA（mRNAに相補的なDNA鎖）と、比較する対照群（driver）からのcDNAとをハイブリ（相補鎖同士を結合させること）させ、ハイブリできなかったものだけを回収（これはtester同士のハイブリで行う）してきた後、PCRで増幅し、さらにライブラリーを作成してスクリーニングするものである。ディファレンシャルディスプレイに比べ、手間は多少かかるが、PCRだけを用いているわけではないので、フォルスポジティブを拾ってしまうというエラーは少ない（まったくないわけではないので、やはり他の方法での確認は必要）。サブトラクション法を効率よく行うためのキットも各種業者から市販されている。多少高額ではあるが、簡便に実験できるようになってきている。

マイクロアレイ法もサブトラクション法同様に核酸のハイブリを用いた方法である。しかしこの場合には、あらかじめ配列がわかっている（すでに遺伝子ライブラリーが作成されている）多くの遺伝子をスライドガラス上にスポットした「DNAチップ」を用意し、これに、対象とする組織から抽出した核酸に蛍

光標識したものをハイブリさせることにより、発現している遺伝子のみを発光させるという方法である。蛍光の色を変えることにより複数の組織間での発現の差違を検出することが可能になる。

2.3 次世代シーケンス時代の到来

　遺伝子の配列を解読できるという DNA シーケンサーの技術そのものは優れた技術であるが、生物の塩基配列の情報は莫大な量となるため、いかに効率よく大量の DNA 配列を解読できるか、そしてそれらの膨大な量のデータを解析できるか、ということが 21 世紀の生物学の大きな課題のひとつであった。そこで登場したのが「次世代シーケンシング」という技術である（Metzker 2010）[2]。すでにさまざまな会社が多くの次世代シーケンサーを開発しており、次つぎと新しい技術を搭載したより効率的な機種が世の中にあふれている。基本的には抽出した DNA や RNA から逆転写した cDNA を断片化したのち、莫大な量の配列を同時並行で決定し、それら短い断片（リードという）をコンピューター上でつなげる（アセンブリーという）ことで目的とするゲノムや RNA の情報を得るものである。当然、機械の技術はもとより計算すなわちコンピューテーションの技術も必要であり、バイオインフォマティクスという分野もゲノミクスと同時に発展の一途をたどっている。

　生物の研究者にとってゲノム情報は、さまざまな情報やヒントを含む宝の山であることに間違いはなく、きわめて重要なものである。しかし、さらにそのゲノムがどのように使われているのかを知ることができれば、より有用な情報が得られることになる。要するに、ある組織で発現している遺伝子、つまり存在しているすべての RNA の配列（トランスクリプトーム）を決めてしまうことができればよいのである。この考えに次世代シーケンシング技術をあてはめたものが RNA-seq（RNA-sequencing）という方法である（Wang et al. 2009 [3]；図 2.1）。この方法では、すでにゲノム配列がわかっている生物種では、発現している遺伝子の断片をつなぎ合わせるのに既存のゲノム情報が使えるので解析がしやすい。しかし最近ではアセンブリー技術の進歩により、既存の配列情報に依存しないデノボ・アセンブリー de novo assembly（新たにアセンブリーをす

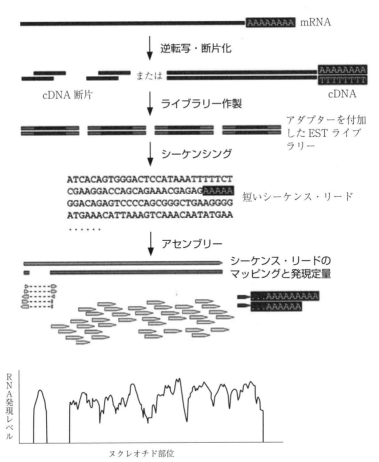

図 2.1 次世代シーケンサー技術を用いた RNA-seq 法
次世代シーケンサーは、莫大な量の DNA 配列を驚くべきスピードで読むことができる。そのため、ある組織で発現している mRNA のほぼすべてを同時に読んでしまうという RNA-seq という方法が開発されている。この方法により、発現している mRNA の網羅的なリストが得られるだけでなく、各遺伝子の発現量を比較することも可能となっている
(Wang Z, Gerstein M et al.: Nature Review Genetics 10: 57-63, 2009 [3] より改変)

るという意味) という方法が可能になっている。つまりゲノム情報が決定していない生物種であっても、ある組織 (あるいは個体全体) で発現している遺伝子配列のすべてを一網打尽に手に入れることができるのである。後述するように、

実際にわれわれはこの技術を用いてシロアリやアブラムシなど、さまざまな表現型多型を示す昆虫において表現型特異的に発現する遺伝子の網羅的同定を試みている。

2.4 進歩する遺伝子機能解析の技術

われわれのような非モデル生物を研究対象とする生物学者にとって、対象生物において遺伝子の機能解析ができるか否か、というのは非常に重要な問題である。比較するものの間で発現に差がある遺伝子が同定できても、その「発現の差」と「対照群との生物学的差違」の間の因果関係は不明である。発現をみて差があっても、それは「相関」が示せたことにとどまる。さらに深い議論をするためには、その遺伝子の機能を損なわせた場合に、表現型に影響が出るかどうかを検証する必要がある。そうした実験を行ってはじめて、その遺伝子が表現型にどう影響を与えるかを知ることができる。遺伝子の機能を損なわせても該当の表現型に変化が現れなければ、たとえ相関して発現していてもその遺伝子は表現型の発現に寄与していないということになる。ショウジョウバエやマウスのようなモデル実験動物であれば、すでにさまざまな遺伝子の突然変異系統が確立しているうえ、人為的に遺伝子機能が失われた（あるいは獲得させた）動物個体（トランスジェニック動物）を作成することも可能であるため、遺伝子機能の議論を行うことは比較的容易である。しかし、非モデル生物や野外から採集してきた個体では突然変異を誘発することはまったく不可能というわけではないが、効率よく突然変異体を作成したり遺伝子を導入したりすることはきわめて難しい。そのため、RNA干渉（RNAi）法という方法がしばしば用いられる（Mahmood-ur-Rahman et al. 2008）[4]。これは、目的とする遺伝子配列をもつ2本鎖RNAを合成し、それを生物体内に取り込ませることにより配列特異的に遺伝子機能を損なわせる方法で、多くの生物種で適用されている。これにより遺伝子の導入や交配実験などが使用できない生物種での遺伝子の機能解析が可能となってきている。ただしこの方法は遺伝子の種類や生物種によって有効性に差があるところが難点で、私の研究室ではシロアリやクワガタムシには有効であるが、アブラムシやミジンコに適用するのは現段階では難しい。

その他にも、ある特定の形質に染色体上のどの遺伝子領域が寄与しているのかを調べる QTL（量的形質座位）マッピングなどの遺伝学的手法についても、種々の遺伝マーカーやシーケンシング技術の発展により、さまざまな生物種で使われている。これは、染色体上のどの領域が注目している表現型に影響を与えているかということを知る方法である（Miles and Wayne 2008）[5]。さらに、インターネットの普及により、世界中どこからでも遺伝子データベースにアクセスすることが可能となり、遺伝子の検索などが容易にできる時代となってきている。ある特定の遺伝子に注目して解析を行いたい場合、文献を調べると同時にデータベースよりその遺伝子の配列を取得するところからさまざまな研究が始まる。

　さらに 2005 年以降に開発され発展してきた遺伝子工学上の画期的な方法に、ゲノム編集という技術がある。これは DNA 配列の部位特異的なヌクレアーゼ（DNA 分解酵素）を用いて、思いどおりに標的遺伝子を改変する方法である（城石・真下 2015）[6]。この方法は、使用するヌクレアーゼの種類により TALEN（transcripton activator-like effector nuclease）や、CRISPR/Cas9（clustered regularly interspaced short palindromic repeats/crispr associated protein 9）などに分けられる。これらの酵素は、DNA の特定の部位を認識して、2 本鎖を切断する。切断後は DNA 修復が起こるが、この際に別の遺伝子配列を意図的に挿入してやることも可能となる。この技術により、特定の遺伝子の機能を損なわせたり（ノックアウト）、ある遺伝子機能を新たにもたせたり（ノックイン）することを、自由自在に行うことが可能となった。CRISPR/Cas9 は、部位選択の自由度も大きく、実験も比較的簡便に行うことができるため、いろいろな生物への応用が試みられている。

2.5　進化発生学 Evo-Devo

　近年の分子生物学の発展は著しいが、これにより他のさまざまな生物学の分野が新たな展開をみせている。進化発生学 evolutionary developmental biology（Evo-Devo；エボデボ）も、そのひとつにあげられるだろう。この分野は 1990 年代ごろから隆盛を極めてきており、生態発生学 ecological developmental biology（Eco-Devo；エコデボ）という分野が着目される経緯においても重要な位置を占めてきたといえる。

　生物の形態は、とくに多細胞生物においては、受精卵から発生する過程で、いかにして形成されていくかにかかっている。ということは形態の多様性は、発生過程の多様性と置き換えても過言ではない。そのため進化発生学は、多様性の生物学といえるかもしれない。かつては比較発生学と呼ばれていた分野がその前身で、古くはジョルジュ・キュビエ（G. Cuvier）やリチャード・オーウェン（Sir R. Owen）の時代にさかのぼる（Hall 1998）[7]。生物種間の発生過程を比較したり、奇形などを精査することにより、発生機構やその進化についてある程度は考察することができる。しかし先にも述べたとおり、近年では生物の形づくりの設計図ともいえるDNAの実態や遺伝子発現の分子機構が次つぎと明らかにされたため、それらの遺伝子の発現パターンや機能をもとに、生物の進化系統に沿って形態発生の進化をより詳しく語ることができるようになった。これが現代の進化発生学、エボデボである。

　進化発生学のもっとも基本となるコンセプトは、「形態をつくる発生過程の変化が形態の多様性を生み出す」ということである。たとえば、さまざまな動物群の形態や体制（ボディプラン）を比較すると、それらは一見非常に異なるようにみえるが、左右相称、眼が二つ、消化器官をもつなど、似ている構造も多くみられる。その一方でその種や系統にしかみられない、特異的な形態（たとえば羽、殻、足の数など）を見出すこともできる。それらの形態的特徴を比較することにより「相同性 homology」や「新規性 novelty（あるいは新機軸 innovation）」がどのようにして進化過程で維持あるいは獲得されてきたのかを考察することが可能となる。新規性というのは、祖先の発生パターンや発生プログラムを土台としながらも、祖先には存在しなかった新しい構造をつくり出すものである（倉谷 2004）[8]。このような形態の比較には、生物種間の系統関係についての情報が必要であり、何が相同で何が新規の形質なのかは、すでに絶滅した生物種であっても化石情報などによって知ることができる。

　この十数年間の間に、ボディプランを司る分子機構についての知見が、とくにショウジョウバエなどのモデル生物において蓄積され、さらには種間の比較などによって、どのようなゲノム上の変化がボディプランの進化を引き起こし

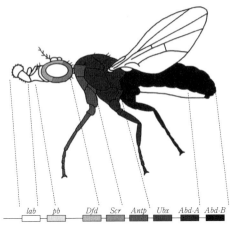

図 2.2 Hox 遺伝子の共直線性
体節のアイデンティティを規定する Hox 遺伝子群は、体節の順番と各体節を規定する遺伝子の並び方がマッチしており、これを共直線性 colinearity と呼ぶ
(Carroll SB et al. : From DNA to Diversity, Second Edition, Blackwell, 2004, p.25 [9] より改変)

ているのかについて多くの研究が行われ、飛躍的に理解が進んでいる。これらの研究の代表例としてもっともよく知られるのは、キイロショウジョウバエ (*Drosophila melanogaster*) での発生過程だろう。どの多細胞動物でも受精卵から発生する過程で、どの細胞群が何になるのかということが決められていく。胚発生初期では、カエル胚で知られるように、外胚葉、内胚葉、中胚葉が分化する。ショウジョウバエではどのような遺伝子が体の方向性・軸を決定し、体の各部位が決定されていくのかが詳細にわかっている（Carroll et al. 2004）[9]。卵形成の時期に母親の保育細胞や濾胞細胞から供給され蓄えられる母性因子がまず前後方向に濃度勾配をつくり、その前後軸に沿った濃度勾配に依存して、連鎖反応的にギャップ遺伝子、ペアルール遺伝子、セグメントポラリティ遺伝子といった体節の細分化を生じさせる一連の遺伝子群が発現する。最終的には、動物界において広く保存されている Hox 遺伝子群が発現することで体のどの部分が頭や胸、腹になるのかといった、体節のアイデンティティが決定される。Hox 遺伝子は、他の遺伝子の転写制御領域（cis 制御領域）に結合して、その遺

伝子の発現を制御する「転写因子」と呼ばれるタンパク質をコードしている。たとえば、ショウジョウバエの場合、頭部の先端から順に、*lab*、*pb*、*Dfd*、*Scr*、*Antp*、*Ubx*、*Abd-A*、*Abd-B* という Hox 遺伝子が部位（体節）を指定している。面白いことに染色体上でもこれらの Hox 遺伝子は発現する部位の順番どおりに並んでおり、この性質を共直線性 colinearity と呼んでいる（図2.2）。

　進化発生学の分野ではこれらの形態形成にかかわる遺伝子（ツールキット遺伝子や形態形成因子などと呼ばれる）が生物種によってどのように使われているか、すなわち発現されているかを比較することで、発生過程の進化について考察を行っている。

2.5.1　発生過程の進化とは

　分子機構や遺伝子のネットワークなど、詳細なメカニズムはもちろん重要であるが、形態や表現型の進化を考えるうえで、いくつか共有しておきたい概念が進化発生学にはある。それらのうち重要なものについて、個別に紹介しよう。先に、生物の表現型あるいは形態が進化する、あるいは多様化するということは「発生過程」が進化することである、と述べた。では「発生過程が進化する」ということは、どのようなことなのだろうか。多細胞生物では、受精卵が個体の一生のスタートラインであるが、発生とは一つの細胞である受精卵が細胞分裂（卵割）を繰り返して多細胞化し、時に細胞運動をともないながら、さまざまな細胞に分化していく過程である。この過程は細胞系譜にみるように、受精卵を頂点とするカスケードとして表記することができる。発生過程が進化するというのはこのカスケードが変更され、新たなカスケードが加わったり、同じパターンが繰り返されたり、あるいは異なる場所や異なる時間で生じたりすることである。発生パターンのカスケードが変更されることにより、最終的な表現型（形態）も変更される、ということである。

2.5.2　モジュール性

　生物のボディプランを考えるうえでの重要な概念のひとつが「モジュール性 modularity」である。Hox 遺伝子の例からもわかるように、生物の体制を修飾して新たな形態をつくろうとすると、体の部位ごとに修飾したほうが少ないス

テップ数での変更が可能である。昆虫のように体節が明確である動物群はもちろんのこと、脊椎動物などでも体の部位は骨格などパーツごとに分かれており、それら部位ごとに修飾することで新たな機能をもつ形態を獲得することができる。もともと多細胞生物の発生過程では、大まかに外胚葉・内胚葉・中胚葉などに分化し、さらにさまざまな器官や四肢などの部位、つまりボディパーツへと発生していく。このような部位の単位のことをモジュール module といい、各モジュールの構成から生物体が成り立っていることをモジュール性と呼ぶ。発生のプログラムはモジュールごとに制御されていることも多く、それが故に部位ごとの多様化など進化的修飾が可能となるのである。「モジュール」とは非常に抽象的な言葉であり、具体的な生物形態のみならず、タンパク質のドメインなど分子の一部や遺伝子ネットワークの一部を指してそう呼ぶこともある。重要なことは、これらの「部位」がそれ以外の部分とある境界をもって分離して考えることが可能である、ということである。後述するさまざまな多型現象においても、体の一部のモジュールを改変することで新たな表現型が獲得されている例が多く知られている。

2.5.3 異時性・異所性

　発生過程を修飾することによって生物形態の多様性が生まれると述べたが、ではどのように発生過程を改変すれば形態の修飾ができるのだろうか。ある部位が他の部位と比べて相対的に大きく、あるいは小さくなることを、相対成長（アロメトリー）というが、発生過程の修飾による改変のひとつにアロメトリーの変化をあげることができる。ではどうやってアロメトリーの変化を生じさせるかというと、ある時期の細胞増殖の量（程度）が目的の部位と他の部位との間で異なればよい、ということになる。ある部位で細胞増殖がより積極的に起こればその部位は大きくなり、逆に抑えられれば小さくなる。また、単に増殖などの発生イベントの有無だけでなく、そのタイミングも重要となる。体内で生じる発生学的なイベントのタイミングがずれることを「異時性（ヘテロクロニー）」といい、さまざまな形質進化の局面でみられる現象である（Gilbert 2013）[10]。もっとも有名な例としてあげられるのが、中南米のプエルトリコに棲息する、樹上性のコキーコヤスガエル（*Eleutherodactylus coqui*）における

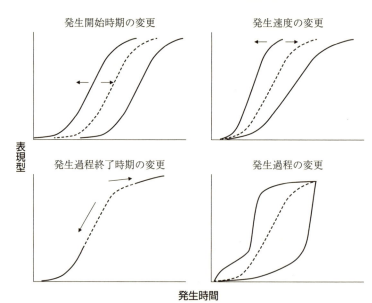

図 2.3 さまざまなヘテロクロニー（異時性）のパターン
ひとことでヘテロクロニーといっても、発生の開始や終了時期が変更される場合や、発生速度が変更される場合など、さまざまなパターンがあり、厳密に分類されている。生殖器官以外の発生が終了してしまい、見た目上幼形のままでも性的に成熟する場合がネオテニー（幼形成熟）である
(Reilly S et al.: Biol J Linn Soc 60: 119-143, 1997 [11] より改変)

胚発生の例である。このカエルは水のない樹上のうろなどに産卵するため、オタマジャクシの時期がなく、卵の中で起こる初期発生の段階でカエルの体を形成し、孵化後には成体とほぼ同じ体のつくりになっている。オタマジャクシの段階を経るカエルからこの種が進化する過程で、オタマジャクシの段階をスキップするというヘテロクロニーが起こったと推測される。

　ヘテロクロニーには種々のパターンがあり、発生過程を近縁種間で比較すると、発生タイミングのずれや増殖の期間がどのように変化しているのかを考察できる。その変化の仕方によって、ヘテロクロニーもさまざまに分類されている（図2.3）。一般に、ヘテロクロニーという用語は近縁種間の進化的な変化を意味することが多かったが、最近では同じ遺伝子型の表現型多型間でみられる発生イベントのずれについても使用されるようになった (Reilly et al. 1997) [11]。

発生イベントのずれに関しては、同様のことが空間的にも起こりうる。たとえば本来は脚で働くべき一連の発生イベントが触角で起こってしまうことにより、ショウジョウバエのアンテナペディア突然変異にみるような特殊な形態の獲得に至るのである。このように、ある発生カスケードが空間的に異動してしまうことを「異所性（ヘテロトピー）」と呼ぶ。

2.5.4　コオプション

進化発生学では、「コオプション co-option」という言葉もよく聞かれる。簡単にいえば「使い回し」ということである。既存の発生プログラムや遺伝子ネットワークを、従来使われていた部位や時間とは別のところで、使用することを意味する。たとえば、昆虫などで付属肢を発生させるのに必要な *Distalless* という転写因子のカスケードは、胚発生の時期に脚および口器になる部位で発現するが、斑紋をもつチョウの仲間では蛹の時期に翅の上でこの発生プログラムが働くことによって斑紋が形成されることがわかっている。この現象を、「付属肢形成で使われていた遺伝子ネットワークをコオプションすることにより、斑紋の形成プログラムを獲得した」という。コオプションという概念は、発生過程の進化を考えるうえでは非常に重要であるが、それが本当にコオプションによって獲得されたのか、祖先を共有する相同性であるのか、あるいは結果として生じる現象が似ていて独立に進化した収斂であるのか、慎重に吟味しなくてはならない。

次章では、本章で述べた分子生物学や進化発生学の知見が、「生物の可塑性」を扱う生態発生学にどのようにつながっていったのかをみていくことにしよう。

第3章

生態発生学の幕開け

3.1 発生学と発生生物学

　「発生」あるいは「発生学」というと、どのようなことを思い浮かべるだろうか。おそらく卵の中で起こる胚発生 embryogenesis を想像する人がほとんどなのではないだろうか。教科書的な定義としても「胚の発生を研究する学問」とある。しかし発生 development は卵が孵化するまでの過程だけではない。生物は死ぬときまで発生しつづけるのである。卵の中で起こる胚発生に対し、卵からかえった後に起こる発生は「後胚発生 postembryonic development」と呼ばれる。場合によっては後胚発生の過程を成長 growth ということもあるが、とくに多細胞動物の場合、成長とは成体になるまで、すなわち性成熟に至るまでの身体の発達を指す場合が多い。従来の発生学でも、後胚発生が扱われることがなかったわけではないが、器官形成などさまざまな発生イベントの起こる胚発生が主な研究の対象となることが多かった。そのため、かつては embryology（胚発生学の意）を「発生学」と日本語訳しており、その後に発展した統合的な developmental biology のことは従来の発生学と区別するために、「発生生物学」と表記されることも多い。老化や再生も、発生過程のひとつとみなされる（Gilbert 2013）[1]。

　発生学や発生生物学においては、さまざまな動物種を用いて初期発生の研究が蓄積されてきている。研究においては、生物一般に通じるような普遍原理を見出すことが王道であり、同一生物種において、ある条件下で一定不変に起こる発生イベント・発生原理を見出すことがその最大の目的であった。もちろん

一つの細胞である受精卵から複雑な構造をもつ多細胞体に発生していく現象は非常に興味深く、その仕組みの解明は生物学的にきわめて重要なことである。そのため種内にみられる発生の可塑性はノイズ（ゆらぎ）として排除こそされ注目されることはほとんどなかった。先に述べた比較発生学においても、種間比較の際にはその種の代表的な（普遍的な）発生パターンを知るため、同様のことがいえたのだろう。しかし、環境条件（外的要因）により発生過程が変化するということは古くから知られていたことであり、近年になりその事象にあえて着目する発生学者も現れはじめた。

　生態学的には、環境により表現型が変化する表現型可塑性は古くから着目されていたが、近年になってようやく可塑的な発生過程やその機構に関する研究例も報告されはじめた。2001年に、発生生物学の大家であるギルバート（S.F. Gilbert）が *Developmental Biology* という雑誌に、"Ecological developmental biology: Developmental biology meets the real world" という論文を発表した（Gilbert 2001）[2]。その副題からもわかるとおり、これまでの発生学は研究室の安定条件下で再現可能な発生現象を対象としてきたが、実際に生物がおかれている野外の環境は常時変化しつづけるものであるため、変動する環境下で発生現象をみなくてはならないと力説している。生物には変動する環境に適応的に応答する能力が備わっているため、生物の本来もつポテンシャル（潜在能力）を知るためにも、変動環境下での発生をみることが重要なのである。しかもその論文中で強調されているのは、環境要因による遺伝子発現の変化である。表現型が変化するにせよ、行動的な応答をするにせよ、環境要因が入力となり、何らかの遺伝子発現の変化が起こるであろうことは容易に理解できる。そもそも遺伝子発現は「If～, then …」構文、つまり「～という場合には、スイッチON（またはOFF）にする」というものであり、発生過程は遺伝子発現の連鎖で起こる。何らかの環境入力が入る、あるいは変化することにより、この遺伝子発現の連鎖が変更されることで、異なる表現型が導かれるのである。

　このように、すべての生物が有している遺伝子発現の仕組み自体、ある入力に対する応答を行う仕組みである。そのため、環境要因に応答して表現型を変える仕組みがすべての生物に備わっているのは、当然のことなのかもしれない。環境によって遺伝子発現を変化させるもっともシンプルな例が、大腸菌にみら

れる「オペロン説」だ。大腸菌はさまざまな組成の培地で培養することが可能だが、培養される環境下にラクトースという糖分ががあるか否かによって、βガラクトシダーゼというラクトースを分解するための酵素をコードする遺伝子の発現がONあるいはOFFになる。このように環境に応じて「使用する」、つまり「発現する」遺伝子を調節する仕組みは、すべての生物に備わった機構である。具体的にはDNA上にその遺伝子の発現を制御する「発現調節領域」があり、そこに（上流の遺伝子による支配など）何らかの入力があると発現が開始されたり、停止したりするのである。オペロンなどの場合は単純に一つあるいは数個の遺伝子の発現を考えればよいが、形態などの表現型が複雑に変化する場合は、非常に多くの遺伝子が関与していると考えられるし、ON・OFFという単純で不連続な変化だけでなく、発現量の違いによる連続的なものもあるであろう。しかし、現象として実際にみられる表現型の可塑性（3.2節で後述）の分子レベルでの調節機構はわかっていないことがほとんどで、ようやく近年になってさまざまな手法を用いたアプローチがなされるようになってきている。

　従来の発生学ではモデル実験生物を基本的な研究対象として、実験室内で再現性よく起こる発生現象のメカニズムを明らかにしてきた。しかし、ギルバートが述べたように（Gilbert 2001）[2]、現実の世界では、発生現象は必ずしも実験室と同じように起こるわけではなく、環境条件に左右される場合も往々にしてあるものである。また、生物の表現型は遺伝子によって多くの部分が決められるが、遺伝子が決まれば一義的に表現型が決定されるというわけではない。その時におかれた環境条件に応じて変化しうるのである。ヒトの例でいえば、人種により皮膚の色は異なるが、同じ人種であっても、あるいは同じ一個体であっても、紫外線量を多く浴びればメラニン合成が誘導され皮膚色はより濃褐色になっていく。あるいは栄養条件によって身長や体重などの形質も異なっていく。また筋力トレーニングを激しく行えば、体格が大きく変化する。いわゆる「肉体改造」は多くの人の知るところだろう。

3.2 表現型可塑性の生物学

　古くから、ヒトの場合でも「氏か育ちか」といわれるように、表現型は遺伝

的な要因だけでなく、環境要因によっても影響を受けるのである（これについては第9章で詳述）。このように環境に依存して表現型が変化する性質を「表現型可塑性 phenotypic plasticity」と呼ぶ。環境の影響にかかわらず表現型がまったくぶれないという生物はいないだろうから、すべての生物において表現型可塑性はみられるといってもよいだろう。厳密には、可塑性の場合、物理化学的な法則などにより単に表現型がゆらいでしまい、変化する環境に「適応的」でない場合もある。その一方で、表現型がその環境条件に適応的に変化する場合も多い。後者の場合は、何らかの進化的な過程のなかで選択（自然選択）を受けた結果、環境に応じた可塑性が獲得されたものと考えることができる（第10章参照）。

　表現型可塑性のなかでもわかりやすい顕著な例が、「表現型多型 polyphenism」といわれる、環境条件により表現型が不連続的に変化する現象だろう。表現型多型の場合は、表現型が連続的に変化すると不都合な場合に生じると考えられる。たとえば、環境による翅型の変化（翅多型）はその典型である。翅型には、有翅型と無翅型（長翅・短翅の場合もある）がみられる場合が多いが、中間的なものをつくってしまうと飛翔器官（翅の構造そのものと翅を動かすための筋肉）に投資するコストの割には（完全なものほどには）飛翔能力がないということになってしまう。飛べない翅をつくるのはまったく無駄なので、つくるならしっかりつくる、つくらないならその分のエネルギーを繁殖など他のことに使ったほうがよい（適応的である）、ということで翅多型が獲得されたのだと考えられる。

3.3　リアクション・ノーム

　表現型可塑性では、環境条件により発生過程が改変させられることにより、発生の結果、形態に変異や多型が生じることになる。先に、多様な形態は発生過程が進化過程で改変されることによりつくり出されると述べたが（第2章参照）、表現型可塑性や表現型多型の場合も同様である。種間の違い（進化的な違い）の場合は遺伝的な差違によるものであるが、表現型可塑性の場合は環境要因により発生過程が変化させられるものである。つまり違いは、入力が遺伝か環境

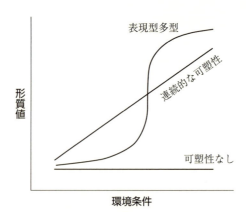

図 3.1　リアクション・ノーム
横軸に環境条件を、縦軸に形質値(表現型値)をとることにより、表現型可塑性の有無やパターンを描くことができる。不連続的に表現型が変化する表現型多型の場合は、S字曲線(シグモイド曲線)を描くことになる

か、ということになる。では、表現型可塑性に遺伝子型は関係ないのかというと、そういうわけではない。それを説明する前にまず、リアクション・ノームという概念を知る必要がある。

　近年改めて注目されてきた表現型可塑性の発生生物学であるが、実は表現型可塑性の研究の歴史は古い。今から100年以上前、1909年にヴォルターレック(R. Woltereck)が異なる湖由来のミジンコの防御形態が異なる可塑性を示すことをすでに報告している(Woltereck 1909)[3]。ヴォルターレックがはじめて表した「環境–表現型」の関係を表す図は「リアクション・ノーム reaction norm(反応基準)」として、可塑性のパターンを示すために現在もよく描かれている(図3.1)。この例では、横軸に栄養条件(餌が豊富か乏しいか)をとり、縦軸にミジンコの胴体部に対する頭部の比をとっている。ミジンコは捕食者がいると頭部に角状の構造を生やすことで被食から逃れるため、頭部の長さが長くなるが、この構造をつくるのにはコストがかかるため、餌条件がよくないときには生成することができないのである。つまり餌条件がよければ、エネルギーの余剰分を被食防御のための構造に割くことができるのである。

　論文では具体的に、A・B・Cの三つの湖から採集してきたミジンコのリア

クション・ノームを描いた図があげられ、面白いことに湖の違いにより異なるパターンが示されている。どの湖由来のミジンコも、貧栄養の時は頭部の長さは短いが、湖A由来のミジンコでは餌条件が少しでもよくなればすぐに頭部が伸長する。湖B由来のミジンコは中程度の餌条件ではまだ頭部を伸長させないが、かなり餌条件がよくなれば頭部を伸長させる。湖C由来のミジンコはたとえ餌条件がかなりよくなっても頭部の伸長は起こさない、というふうである。これら湖による違いは、それぞれの湖のミジンコ個体群の遺伝的な差違によるものと考えられる。

では、なぜこのような遺伝的な差違が生じてしまったのだろうか。それはおそらく、湖により生物群集も異なり、つまりミジンコの捕食者がどれぐらい存在しているかが湖によって違っている（あるいは過去に違っていた）ということによるものだと考えられる。湖Aは捕食圧が非常に高く、頭部の角を生やさないと直ちに捕食されてしまうため、少しでも栄養条件がよければすぐに角を生やす発生システムが獲得されてきたのだろう。湖Cには捕食者はあまりいなかったため、餌条件がよくなっても頭部を伸長させる必要がなく、その分のエネルギーを繁殖などのために割いたほうが適応的だったのだと考えられる。

このように、リアクション・ノームを描くことにより、環境により変化する表現型が集団間で異なる、つまり遺伝的な差違があることを浮き彫りにすることも可能なのである。

3.4　遺伝か環境か

リアクション・ノームの集団間における相違をみてもわかるように、環境要因に応答してどのように表現型が変化するかのパターンが遺伝的な支配を受けている場合も数多く存在すると考えられている（West-Eberhard 2003）[4]。これはいい換えると、遺伝子型によって環境への応答の仕方が異なる、ということであり、ゲノム上に書かれているのは生物の最終形（不変の表現型）の設計図ではなく、生物の受ける外的要因（環境要因）に応じた遺伝子発現の連鎖により、最適な形質を決めるその様式が描かれていると考えたほうが妥当といえる（本多 2003）[5]。このことはつまり、ある形質に対して「遺伝か環境か」

について議論することはある意味ナンセンスであるということである。リアクション・ノームの例をみてもわかるように、本質的には環境要因と遺伝要因は排他的なものでないのである。

　このように表現型とは、生まれながらに遺伝的に組み込まれた形質ではなく、環境依存的に変化するものである。ということは、環境の刺激にもっとも俊敏に応答する「行動」も広義には可塑性のひとつと考えることも可能である。行動は、捕食者がいれば逃げる、獲物がいれば捕らえる、など、条件依存的であるため、表現型可塑性の一形態ということもできるだろう。動物がつくる巣の構造などは、種に特有の営巣時の行動パターンによって決まるため「拡張された表現型 extended phenotype」と考えられている（Dorkins 1982）[6]。私が長らく研究しているシロアリの仲間も、木材の中にのみ営巣するのものから、大聖堂のような大きな塚をつくる種、樹上にボールのような球状の巣をつくるものなど、さまざまである。これらの巣の形態は種ごとに特有であるので、営巣の行動はもちろん巣をつくる材料への食性の違いなども影響して巣構造の違いとなっているのだろう。種によって違うということは何らかの遺伝的な相違、つきつめればゲノム上の遺伝子配列の違いがこれら巣のパターンの違いももたらすはずである。

　動物の学習の進化などとも関連して考えられることが多い。「ボールドウィン効果」はその典型例で、学習能力が自然選択により進化する過程を示した理論である。学習したことが子孫に伝わるわけではないが、学習の効率に選択がかかり、より学習能力の高い個体の割合が選択により集団中に広がり、学習能力が進化するというものである（Baldwin 1902）[7]。一見、獲得形質が進化するというラマルキズムにも思えるが、実は選択を介したダーウィニズム的な過程で進化することを説明している（第10章参照）。

　その一方で植物は神経や筋肉組織もなく、自ら積極的に移動することができないため、環境依存的に表現型（形態）を可塑的に変化させる能力はむしろ高い。そのため植物の環境応答に関する研究は古くから行われている（Goldschmidt 1940 [8], Schmalhausen 1949 [9]）。日長や温度による開花の制御や、水環境による葉の形態変化などがその代表的な例である。同様に動物においても、本書で後に詳述するように、可塑的に形態が変化する例が多く知られている。

表現型可塑性のなかでも劇的に表現型を変化させる表現型多型の代表例には、チョウの季節型やバッタの相変異、社会性昆虫のカースト多型などがよく知られている。このような例はいずれもそのときの生態環境に適応的なものとなっており、環境が変われば別のタイプの表現型が適応的になる。具体的には、季節などの環境の変動に適応した場合、捕食者などの選択圧が異なるような場合、他個体との相互作用により異なる表現型を生じる必要がある場合などが知られている。いずれも適応戦略に応じて発生プログラムを改変し、表現型の多型を実現している。

3.5　動物における表現型可塑性の例

　では具体的にはどのような現象が表現型可塑性や表現型多型として知られているのだろうか。その具体例をいくつかあげてみよう。

3.5.1　水生動物の被食防御形態形成

　すでにミジンコの被食防御についてはリアクション・ノームの項（3.3節）で述べたが、ミジンコだけでなく、他の多くの水生無脊椎動物においても、捕食を逃れるための棘のような構造を発達させている（Adler and Harvell 1990）[10]。これら被食防御のための構造はおそらくコストがかかるため、捕食者がいないと形成されない。ミジンコのネックティース（後頭部の棘）がその代表例であるが、他にもワムシやフジツボ、巻き貝など、浮遊性や固着性で、遊泳能力の低い動物ほどこのような可塑的な形態変化を起こしやすい傾向があるようである。ワムシの一種 *Keratella slacki* は卵の時期に、捕食者であるフクロワムシ属 *Asplanchna* から分泌される物質（カイロモン）を感受して、体サイズを大きくし棘を発達させる。巻き貝の一種 *Thais lamellosa* は捕食者のカニ *Cancer productus* を飼育した水に接すると殻が厚くなり開口部に歯状突起を発達させる。捕食者側のカニは殻の薄い巻き貝を選択的に捕食すること、殻の薄い貝のほうが成長が早いことなどが報告されている（Palmer 1985）[11]。またイワフジツボの一種 *Chthamalus anisopoma* は、通常は円錐形の形態をしているが、捕食者である肉食貝類の一種 *Acanthina angelica* が存在すると頂点が横を向いたよ

うな形態をとり、捕食を免れている。やはりこの場合も被食防御形態をとると成長率や産卵数の低下などのコストがともなうことがわかっている（Lively 1986）[12]。

3.5.2　オタマジャクシの被食防御

アマガエルの一種（*Hyla chrysoscelis* など）では、オタマジャクシの捕食者であるヤゴ（トンボ類の幼虫）が存在すると、ヤゴから分泌される化学物質（カイロモン）を感受して、捕食者に見つかりにくいような尾の色彩をもつようになり、遊泳能力が上がるよう尾びれや筋肉系も発達する。とくに瞬発力が上がるようになり、急速に遊泳方向を転換するクイックターンができるようになる（McCollumn and Van Buskirk 1996）[13]。また中米に棲息するアカメキノボリガエル *Agalychnis callidryas* は、卵塊を池に生えるヨシのような植物に産卵する（おそらく池の中での魚などの補食を免れるため）。しかし植物上もまったく安全なわけではなく、運悪くヘビなどが襲ってくることもある。このカエルの卵は捕食者の襲撃時の震動を感知すると通常の孵化時期より早くであっても孵化行動（体を揺さぶり卵塊から脱出して池に落ちる行動）を起こす（Warkentin 2005）[14]。早期に孵化したオタマジャクシは通常の個体よりも尾などは未発達で短く、腹部の卵黄もまだ大きい。このようなオタマジャクシは池の中で捕食される可能性も高いので、できるかぎり卵の中で成熟を待ちたいところだが、緊急事態に備えてこのような臨機応変な手段を取ることができるのである。

3.5.3　花序に擬態するガの幼虫

鱗翅目昆虫であるガの一種 *Nemoria arizonaria* はカシの木に産卵し、卵で越冬をする。春にはカシの木は花序を付けるので、この時期に孵化した幼虫は花序に擬態した形態をもつ。しかし次の世代の幼虫は、カシの花序のない夏季に出現するため、枝に似た形態を取るようになる。花序に擬態した幼虫は春先の若い葉を摂食するが、この時期の葉の成分と夏季の硬い葉の成分の違いが引き金となり表現型の違いを引き起こすことがわかっている（Greene 1989）[15]。

3.5.4 バッタの相変異

動物のいくつかの種では相変異 phase polyphenism という現象が知られている。とくに顕著な例として有名なものがサバクトビバッタ *Schistocerca gregaria* である。低密度下で生育したバッタ個体は体色が緑で翅や脚も短い。これは孤独相 solitarious phase と呼ばれる。一方高密度下で棲息した個体の体色は黒褐色で翅も脚も長く移動に適している。こちらのタイプは群生相 gregarious phase と呼ばれる (Pener 1991 [16], 前野 2012 [17])。中間的なものは transient phase とされる。アフリカなどで蝗害（あるいは飛蝗）として知られるバッタの大群による大災害は、バッタの群生相が大量にシンクロして出現することによる。

3.5.5 温度に依存した哺乳類の毛色

シャムネコやヒマラヤウサギなどいくつかの哺乳類で、鼻先や四肢の先、耳、尾などの先端部分のみが黒色をしているものがある (Schmalhausen 1949) [9]。これは皮膚の温度に応じてチロシナーゼという酵素の活性が温度依存的に変化することが原因とされる。詳しくは、温度が比較的低いときにはチロシナーゼタンパク質の立体構造は正常に折りたたまれ、黒色色素であるメラニン合成が可能であるが、高温のときにはその折りたたみが正常に行われないために酵素活性が失われてしまう。ちなみにヒトの皮膚の色にもこの酵素が関与しており、紫外線照射により活性が高くなるため日焼けが起こるのである。紫外線量という環境条件に応じて皮膚の色が変化するのも表現型可塑性のひとつなのである。

3.5.6 爬虫類にみられる温度依存的性決定

環境によって性決定が行われる例が、カメやトカゲやワニなどの一部の爬虫類や魚類で数多く報告されている。多くの場合、胚発生が行われる卵が産卵される場所の温度によって雌雄が決定することが知られている（図 3.2；Woodward and Murray 1993 [18], Gilbert and Epel 2009 [19]）。これはテストステロンとエストロゲンを変換するアロマターゼという酵素の活性や遺伝子発現が温度に依存することに起因すると考えられている (Murdoch and Wibbels 2006) [20]。一般的には、高温になるとアロマターゼ活性が高くなり、テストステロ

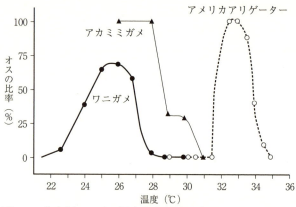

図 3.2 爬虫類における温度依存的性決定
爬虫類の種類により、性比が変化する温度帯が異なる
(スコット F. ギルバート、デイビッド・イーペル：生態進化発生学—
エコ－エボ－デボの夜明け、東海大学出版会、2012、p.14 の図 1.6 を改変
〔Gilbert SF, Epel D：Ecological developmental biology, Sinauer, 2009
[19]；Crane DA, Guillette LL Jr.：Anim Reprod Sci 53: 77-86, 1998〕)

ンからエストロゲンへの変換が効率よく行われることによりメス化することになる (第8章参照)。しかし、種によって性が決定する温度帯がさまざまに異なっており、酵素以外の要因が種特異的に温度を左右することが考えられる。どちらの性のみに偏ることは適応的でないと考えられるため、おそらく両方の性が 50%ずつになるような温度の場所に産卵されることが多いのではないかと推測される。

3.5.7 魚類の性転換

魚類のなかには、性決定が環境により決定されるだけでなく、一生の間に性転換する種も存在していることが知られている。サンゴ礁に棲息するベラの一種 *Thalassoma bifasciatum* は、色彩もカラフルで体サイズも巨大なオスが一匹だけ存在し、何匹ものメスを携えてハーレムを形成している。このオスは攻撃的で、縄張り内のメスを守る役割をになっている。このオスが何らかの要因により死亡した場合には、体サイズのもっとも大きなメスが短期間の間に性転換をしてオスとなる (Warner 1984 [21], Godwin et al. 2000 [22], 2003 [23])。性

転換の際には卵巣が退縮し、精巣が発達してくる。社会的な個体間の相互作用によって表現型が変化するという点で、社会性昆虫のカースト分化と似ている。おそらく一個体のオスは他個体がオスへと分化するのを、行動や化学物質の作用により生理学的に抑制していると考えられる。オス個体を除去すれば他のメスがオスへと性転換する現象は、社会性昆虫のコロニーで女王を除去すると他のコロニーメンバーから女王（繁殖虫）が分化してくるのときわめて似た現象である（社会性昆虫のカースト分化については第4～5章で詳述）。

3.5.8 オス糞虫の角多型

表現型多型を示す昆虫類のなかで、その生理発生学的メカニズムがもっともよく調べられているものが糞虫として知られるエンマコガネの仲間である。エンマコガネ属 Onthophagus にはオス個体に闘争のための角を有するものが知られる（Emlen and Nijhout 2000）[24]。角はオス間の闘争に主に用いられるもので、大きな角をもつオスは闘争（ケンカ）により交尾相手であるメスを獲得する。

大型のオス個体は、メスが産卵を行う巣の入り口で他のオスが侵入するのを防ぐ。一方で、小型のオス個体は小さな角を頑張ってつくっても大きな角をもつオスには敵わないので、角の形成をまったく（あるいはほとんど）やめてしまう。小型オスは、大型に比べ角をつくらない分、相対的に複眼の大きさが大きく、動きも素速い（Emlen 2001）[25]。彼らは大型オスと真っ向勝負はせず、横穴を掘るなどしてこっそりメスを横取りする（Emlen 2000）[26]。このような戦略は「スニーカー戦略」と呼ばれており、他の動物においてもこうした「ずるい」戦略をとるオスがみられることがある。大型オスになるか小型オスになるのかは、幼虫時の栄養条件が引き金となり、幼若ホルモンやインスリンなどの内分泌因子を介して、頭部上皮の発達程度に差が現れることで決定されることがわかっている（Emlen and Nijhout 2001 [27]、Emlen et al. 2006 [28]；詳しくは第8章参照）。

3.5.9 筋肉発達の可塑性

筋力トレーニングをすると筋肉が発達するのは周知の事実である。これは与

えられた負荷に応じて筋肉組織が発達することにより、体つきも変化してくる。この筋力トレーニングによる変化も表現型可塑性といってもよいだろう（口絵1）。この生理的反応を利用した競技がボディビルディングである。筋肉の負荷のかけ方により筋肉の発達度合いが異なることは古くから知られており、重たい負荷で少ない回数をこなすと瞬間的に大きな力を出す（瞬発力が増す）「速筋 fast muscle」が発達する（MacIntosh et al. 2006）[29]。これを促すトレーニングを strength training という。速筋は日常生活で使われることは少なく、ダッシュしたり、重たいものを持ったり、ジャンプして着地をしたりするときに使われる。それ故さまざまな競技を行うアスリートは特別なトレーニングを行う必要性が生じてくる。筋肥大を目ざす場合には、大きな負荷で少ない回数を行い速筋を鍛えることでバルクアップが可能となる。逆に少ない負荷で回数をこなすと発達する筋肉は「遅筋 slow muscle」と呼ばれる。遅筋は脂肪をエネルギー源とするため、ダイエットやシェイプアップを目的とする場合には遅筋を使い、酸素を消費して脂肪を燃焼させる必要がある。こちらのトレーニングは endurance training と呼ばれる。この筋肉は速筋に比べると大きな力を出すことはできないが、疲労しにくく持久力系の運動に適している。生理学的には、遅筋はミトコンドリアやミオグロビンが多く、酸素を消費するのに適した組織構造をしている。一方速筋は筋線維に富み、解糖系による代謝が効率よく行われるようになっている。このような生理学的特性の違いにより、遅筋組織はより赤く速筋組織は白っぽいことから、それぞれ赤筋・白筋と呼ばれることもある。骨格筋はこれらのどちらかに必ず分類されるというわけではなく、中間筋（ピンク筋）と呼ばれるものも存在している。最近の研究では、無酸素的な筋肥大を目ざすトレーニングである strength training と、有酸素運動である endurance training とで、どのような分子機構が働くことで筋肉の可塑性が生じるのかが詳しく調べられている（Hoppeler et al. 2011）[30]。筋細胞は筋芽細胞の融合に由来する多核性の細胞であり、「筋核ドメイン myonuclear domain」と呼ばれる、一つの核を中心とするユニットごとに筋線維の発達や栄養供給が維持されると考えられている（Teixeira and Duarte 2011）[31]。strength training では筋核ドメインの数と筋線維の断面積が相関して増加することが示されている（Kadi et al. 1999）[32]。トレーニングの効果が人によって、

ひいては人種によって異なるのも、リアクション・ノームの遺伝的な差違と考えることができるだろう。

そもそも筋肉の発達や維持には重力が必須と考えられており、宇宙空間のように重力がほとんどない状態では筋肉組織は速やかに退縮してしまうことが報告されている（Harrison et al. 2003）[33]。また筋発達に必要ないくつかの遺伝子群は重力を感じない条件下では発現されなくなってしまう（Inobe et al. 2002 [34], Nikawa et al. 2004 [35]）。重力は筋力だけでなく骨組織の発達・維持にも必要であることが知られている（Morey and Baylink 1978）[36]。

3.5.10 シクリッドの顎の発達

骨格の形成には重力だけでなく外部から与えられる圧力も必要な場合がある。それを顕著に表しているのが、アフリカのタンガニイカ湖などに広く棲息するシクリッド（カワスズメ）の仲間にみられる例だろう（Meyer 1987）[37]。シクリッドの仲間はさまざまな餌資源に応じて適応放散し、種特異的な口器形態がみられる。しかし、この形態は幼魚の時期からその餌に応じて特殊化していた結果であり、他の餌を与えて飼育すると口器の形が変化してしまうため、可塑的形質であることがわかっている。この研究では、野外採集した *Cichlasoma managues* という種の個体に産ませた子どもを二つのグループに分け、片方を野外同様甲殻類の餌で飼育し、他方を市販のフレーク状の餌で飼育して成魚まで育てると口器の形態がまったく異なる魚になってしまう。

同様のことは、われわれヒトを含めた哺乳類でも報告があり、正常な顎が発達するためには、硬い食物を噛み砕くという経験が必要であることがわかっている。分子的には、*indian hedgehog* という形態形成にかかわる遺伝子の発現には機械的な刺激が必要で、噛み砕くという行動により下顎骨での発現が高まることも原因のひとつとされる。この遺伝子産物が周辺組織の軟骨部の発達を促すことが明らかにされている（Tang et al. 2004）[38]。日本でも子どものときから顎を鍛えるためにお煎餅を食べることを勧められてきたのは、生物学的にも正しかった、ということになる。実際に欧米人に歯列矯正の必要性が高いのは乳幼児期の柔らかい食物のせいであることが報告されている（Moss 1997）[39]。

3.6　表現型多型の生成過程

　上記のように表現型可塑性・表現型多型は、捕食被食関係や餌条件、季節性、個体間相互作用などの環境要因が発生に反映された結果生じているため、生態学的にも非常に興味深く、多くの研究例があり、進化学的な考察もなされてきた。しかしその一方で、それらの表現型を創出する至近要因、すなわち発生メカニズムに関しては明らかとはなっていない例が多い（とはいえ最近の研究では詳細に調べられているものもある）。環境要因は多くの場合、何らかの形で受け手側の生物の感覚器によって感受され、神経系にシグナルとして伝達される。それがきっかけとなり何らかの生理状態の変化が引き起こされ、最終的には遺伝子発現パターンの変化が生じ、ひいては形態形成を含む発生過程が変更されることによって表現型の違いとなって現れると考えられる。

　表現型多型は形質が不連続に生じることで定義されるが、その場合、2とおりの生成過程が考えられる。環境が不連続な場合と、形質の発現に閾値をともなう場合である（図3.3；Nijhout 2003 [40]）。もっとも有名な表現型多型の例であるチョウの季節型を例に説明しよう。昆虫の図鑑のチョウのところには「春型」と「夏型」の2種類の翅の模様をもつ同種が示されていることが多い。日本だけでなく、四季のある地域や乾季雨季がある地域に棲息するチョウの仲間の多くは、季節型を示す（Shapiro 1968）[41]。チョウの季節型では、幼虫や蛹で越冬をして春に成虫が出現する「春型」と、春型が産んだ卵が夏の間に幼虫・蛹期を経て休眠せずに成虫になる「夏型」が存在する。雨季と乾季があるモンスーン気候を示す熱帯地域では春型・夏型の代わりに、斑紋のパターンなどが異なる雨季型・乾季型が出現することがある。

　このような例では、越冬をする世代と夏に成長する世代で幼虫が受ける日長や温度が大きく異なるため、結果として生じる個体の形質が2とおりの別のものになる。つまり1年に2世代を回すという制約（これを「2化」という）のために幼虫期間が必然的にまったく異なる二つの環境条件になってしまうということである。乾季・雨季にみられる季節多型でも同様のことがいえる。これらの場合、人為的に中間的な条件で飼育をすると実際に中間型が生じることも実験的に示されている（Nijhout 2003）[40]。その一方で、環境が不連続に変化し

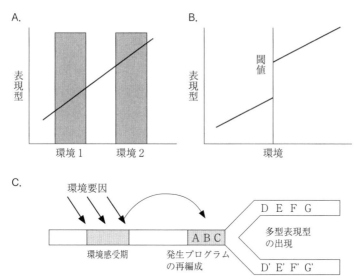

図3.3 表現型多型の生成過程
表現型多型にも、環境が不連続にしか生じえないために結果的に多型が生じる場合（A）と、環境条件は連続でも生物個体の生理機構に閾値が存在して表現型が不連続に現れる場合（B）がある。いずれの場合も、環境感受期に受けた環境要因が引き金となり、発生プログラムが再編成されることで異なる表現型を発現することになる（C）
（Nijhout HF : Evol Dev 5: 9-18, 2003［40］より改変）

なくても、必ず不連続な多型を生じる場合も数多く存在している。アブラムシの翅多型やミジンコの防御形態形成、糞虫の角多型がその典型例である。それらの場合、形質を決める環境条件は連続でも、ある一定以上の環境条件になると形質が不連続に変化する。このためには生理学機構として体内に、ある一定以上の環境条件を受けたときに発生経路が変化する「閾値」が存在する必要がある。昆虫などの場合では、環境条件に応じて幼若ホルモンというホルモンの体内濃度が変動し、ある一定以上（あるいは一定以下）の濃度になったときに発生経路の改変が起こる例が数多く知られている（Nijhout 2003[40], Miura 2005[42]）。

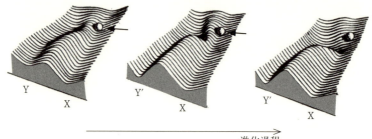

図 3.4 エピジェネティック・ランドスケープ
ワディントンは生物にみられる細胞分化を地形を転がる球に見立てて、発生過程を説明した。この地形が変化することは発生過程が進化的に変化してしまうことを示しており、それまで X へと分化しやすかった細胞が Y' へと分化しやすくなるように進化する過程を示している
(Waddington CH : The strategy of the genes: A discussion of some aspects of theoretical biology, Allen & Unwin, 1957, p.167 [43] より改変)

3.7 エピジェネティック・ランドスケープ

　ワディントン（C.H. Waddington 1908-1975）は、20世紀の半ば、発生過程における細胞分化を表すイメージとしてエピジェネティック・ランドスケープ epigenetic landscape という概念を示した（図 3.4；Waddington 1957 [43]）。ここでは、いくつもの谷に分かれた地形を転がるひとつの球を細胞と見なし、受精卵からさまざまな細胞に分化する過程を示したものである。多細胞生物においては、受精卵はすべての細胞に分化するポテンシャル（全能性）をもつが、時を経て分化が進むと他の細胞になることができなくなる。どこの谷に球が転がっていくか、つまりどの組織細胞へと分化していくかはその時の状況依存的である一方、遺伝的な要素は地形の形状に関与するとしている。エピジェネティック・ランドスケープを考えると、発生過程の進化についても考察することができる。たとえば、進化的な時間を経て、ある一定の細胞群へ分化しやすくなることは、あるひとつの谷がより深くなっていくこととして示すことができる。ひとつの谷が深くなる、すなわち、環境要因などにかかわらずある特定の発生過程をたどりやすくなることを「運河化」あるいは「キャナリゼーション canalization」といい、運河化されることはキャナライズ canalize される、と

も表現する。キャナライズされた発生経路に進んでしまうと他の分化運命をたどるのは難しくなっていく。

　当初は細胞分化について考案されたエピジェネティック・ランドスケープの考え方は、そのまま個体の分化運命にあてはめて考えると、表現型可塑性を説明しやすい。社会性昆虫のカースト多型にしてもアブラムシの翅多型にしても、発生経路が分岐することによってさまざまな表現型を生じるので、この概念に合致するといえる。われわれの研究上の考察においても、「この種ではこのモルフへの分化経路がキャナライズされている」などのように普通に議論が行われている。

3.8　最近の可塑性に関する研究動向

　これまで述べてきたように、表現型可塑性現象は、環境に応じた柔軟な発生機構である。環境条件に応じて表現型の改変が行われるこの機構については、とくに最近になって分子生物学およびゲノミクス的なアプローチがさまざまに用いられるようになってきている（第2章参照）。後述するように、ミジンコやアブラムシなどのいくつかの動物分類群では、環境に依存した可塑的な表現型が実験条件下で誘導しやすく、またゲノム解析なども進んでいるため、比較的容易に分子生物学やゲノミクスの解析手法が適用されつつある。しかし、研究者間でスクリーニングや発現定量の手法が異なったりすることで異なる結果が得られることもある。また、網羅的探索に基づく場合は、未知な遺伝子が同定されることもあり、それらの遺伝子の機能を推定することがきわめて重要になってくるが、生物種や遺伝子の種類によっては、それが難しい場合もある。今後はシステムバイオロジー的なアプローチなどを含め、得られた結果を総合的に解釈するような試みが必要となるであろう。次章以降では、著者が深く研究に携わってきた昆虫類の表現型可塑性の研究例を詳しくみていくことにする。

第4章

社会性昆虫シロアリの社会行動とカースト多型

　本章では、私が表現型可塑性や表現型多型に興味をもった経緯ともいえる、社会性昆虫であるシロアリのカースト多型について詳しく解説していきたい。まずは、私が大学院に進学してはじめて着手した熱帯雨林での研究を紹介し、社会性昆虫の高度に組織化された社会行動と、その基盤となる個体間の分業と協働について解説する。とくに、社会性昆虫の社会行動には、個体間相互作用による個体発生の制御（すなわちカースト分化の制御）がきわめて重要な役割を果たす点について焦点を当てる。

　社会性昆虫が昔から生物学者たちの興味をひき、社会生物学という学問分野までつくられるようになったのは、「自分自身が子孫を残すことはできない不妊のカーストの形質はなぜ進化することができたのか」という、生物進化を考えるうえで非常に難しい問題をはらむことがもっとも大きな理由といえよう。「なぜか（why）」という疑問に対しては、「血縁選択説」という、血縁者を助けることで自分の遺伝子も子孫に残すからであるという理論（Hamilton 1964）[1]で解釈されているが、同じ遺伝子を共有するはずの血縁者同士が「どのようにして（how）」互いに異なる形質をもつカーストへと分化・発生していくのかに関しては、これまであまり研究されていなかった。シロアリのカースト分化については、種によって発生分化の経路がどのようになっているかという現象の記載は古くからみられるが（Heath 1927 [2], Castle 1934 [3], Hare 1934 [4], Miller 1969 [5], Noirot 1969 [6], Roisin 2000 [7]）、発生学など他の分野の研究対象とは異なり、研究室で飼育し発生過程（ここではカースト分化の過程）を再現させそれを観察するのは非常に難しいことがその理由である。しかし、近年に

なって発展してきた実験手法を用いることで、これまで未知であったシロアリのカースト分化メカニズムにもアプローチすることが可能となってきている。著者らはそのような手法を用いて、特異かつ精緻なシロアリの社会にメスを入れつつある（三浦 2003）[8]。

本章と次章では、シロアリのカースト分化の仕組みとその進化について、現在までにわかっている知見を紹介し、これまでわれわれが行ってきた研究についても紹介していきたい。まずはシロアリがどのような昆虫で、社会行動とはどのようなものなのか、またそのなかでのカーストの役割について、私がみてきたシロアリの仲間を例に解説していきたい。

4.1 コウグンシロアリとの出会い

まず、なぜ私がシロアリという変わった昆虫を研究することになったのか、その経緯をお話するところから始めたい。

翌年に大学院進学を控えた1993年頃、私は、熱帯雨林の多様な生物相に興味をひかれ、熱帯フィールドでの研究がしたく研究室を探していた。さまざまな大学の研究室を訪問させていただき、話をうかがうなかで、熱帯の昆虫、とくに社会性昆虫の生態を専門に研究を進めておられた東京大学の松本忠夫教授の研究室にたどり着き、この研究室に進学することとなった。当初は、熱帯雨林でみられる形態や色彩が顕著な昆虫、たとえばコノハムシやハナカマキリ、角が3本あるカブトムシの仲間など、いわゆる「カッコいい昆虫」に魅力を感じていた。そのため大学院入学当初の研究テーマは非常に大雑把に「熱帯降雨林における昆虫群集の研究」として、ボルネオ島のインドネシア領であるカリマンタンでフィールド調査を開始した。ボルネオ島（とくにインドネシア領）にフィールドを決めた理由はいくつかあるのだが、当時JICA（現・独立行政法人国際協力機構）よりカリマンタンに派遣されていた哺乳類の専門家である安間繁樹先生が現地におられたことが大きい。安間先生は、西表島でイリオモテヤマネコの生態に関する研究をやっておられ、その後フィールドをボルネオに移し、さまざまな哺乳類の生態を明らかにすべく活躍されていた（安間 1995）[9]。私は先生の書籍を何冊も読み感銘をうけていたため、どうにか連絡先を知るこ

とができ、早速連絡をとった。当時、大学でなぜかインドネシア語を第三外国語として受講していたため、安間先生のおられるカリマンタンのJICA事務所に国際電話をかけ片言のインドネシア語で安間先生を呼び出してもらったことを昨日のことのように思い出す。考えてみれば、無謀なことをしたと思う。そして、大学3年生のときに安間先生を訪ねて東カリマンタン州を訪れたことがきっかけで、熱帯での研究を志そうと思ったのである。

　大学院に進学してからは、インドネシアの東カリマンタンにあるムラワルマン大学の演習林での滞在を許可していただき、現地での研究を開始した。しかし、出会う昆虫の種数は多いのであるが、私が心ひかれていた、形態が奇抜な（カッコいい）昆虫たちはそう簡単に出会えるものではない。私がボルネオを訪れるなかで、ボルネオオオカブト *Chalcosoma moellenkampi* やバイオリンムシ *Mormolyce phyllodes*、ヒシムネカレハカマキリ *Deroplatys lobata*、テイオウゼミ *Pomponia imperatoria* などの目をひく昆虫は何度かお目にかかることはできたが、これらの昆虫は頻繁に遭遇するわけではないため、研究対象とした場合、なかなか研究が進まないという事態に陥ることが予想された。ところがその一方で、熱帯雨林の中の林床部を歩くと、かなりの確率で小さな昆虫の集団に出くわす。社会性膜翅目のアリの場合が多いが、それ以上に多くのシロアリを、朽ち木やリター（落ち葉）、土中など、いたるところで見つけることができる。種によっては精巧な建造物をつくる種もいる。しかし、多くのシロアリのなかでもとくに私の目をひいたのは、シロアリ（白蟻）という名にもかかわらず真っ黒な体をしたコウグンシロアリ（*Hospitalitermes* 属のシロアリ）であった（口絵2）。多くのシロアリは朽ち木や巣の中で生活をしていて、ほぼまったく外界に出てこないので、巣を壊さなくては見ることはできない。しかも巣が壊されるのはシロアリにとっては緊急事態であるため、巣を壊してしまうと通常の生活形態を観察することはできない。しかし、このコウグンシロアリは、巣から出て大規模な採餌行進を行うため、ただ林内を歩いていてもその大群に頻繁に出会うことができるので、採餌行動という日常の生活のありさまを簡単に観察することができる。私は、林床をまるで川が流れるかのごとく整然と隊列をつくって行進していくこのシロアリに非常に驚かされ、また魅力を感じた。そこで、私は大学院修士課程のテーマとして、この非常に面白い社会行動をと

るコウグンシロアリの行動および生態を詳しく研究することに決めたのである。

4.2　熱帯におけるシロアリの多様性

　「シロアリ」という昆虫は、われわれ人間の生活にとっては家屋を食い荒らす大害虫で、一般的に人間の大敵であると考えられているだろう。しかし、シロアリは生物学的には非常に重要かつ興味深い昆虫である。その理由のひとつには、熱帯雨林などの生態系における分解者としての役割があげられる。熱帯雨林は高温多湿であるため、植物の成長が著しく早く、樹木が繁茂している。そのため植物遺体である枯死木材や落ち葉なども一年のサイクルのなかで大量に蓄積されていく。シロアリは、それらの植物遺体を分解するという、生態系を維持するうえで非常に重要な役割をになっており、その重要度は熱帯へいくほど高い（松本 1983 [10], Wilson 1992 [11]）。生態系における分解者は他にも、落ち葉などのリターであればミミズやヤスデ、ゴキブリなどの土壌動物が貢献すると考えられる。またキノコやカビなどの菌類も植物遺体を栄養分として生育する分解者である。しかし、大木などの枯死材を菌類や微生物のみが分解しようとすると、樹種にもよるが相当の年月がかかると想定される。材を物理的にもかじり取る分解者には甲虫類などがいるが、分解者の現存量や枯死材の消費量としてはシロアリのほうが断然上だろう。カメルーン南部での報告では、すべての節足動物中でシロアリがもっとも現存量が多いとされている（Watt et al. 1997）[12]。

　世界にシロアリは約 2600 種が記載されており（Kambhampati and Eggleton 2000）[13]、その大部分が熱帯に集中している。温帯域から赤道周辺の低緯度地域に向かうにつれてシロアリの種数も指数関数的に増加していくが（北海道では 1 種、沖縄では十数種、マレーシアでは 50〜60 種）、熱帯域の多様なシロアリのなかで、家屋に危害を及ぼすものはごくわずかである。日本においては十数種のシロアリが生息しているが、家屋に甚大な被害を及ぼすという点で、そのほとんどがイエシロアリ *Coptotermes formosanus* によるものである。イエシロアリ以外には、全国的に分布するヤマトシロアリ *Reticulitermes sparatus* や外来種であるアメリカカンザイシロアリ *Incisiterme minor* による被害も報告

されている（松本 1983 [10]，安部 1989 [14]）。シロアリは、とくに熱帯地域では森林やサバンナなど植物遺体が生じるところであれば、たいていのところで見ることができる。熱帯雨林では数十種、場合によっては100種を越すシロアリが棲息しており（Lawton et al. 1998）[15]、巣の形態も塚をつくるものから、樹上の巣をつくるもの、完全に地中性のものや、朽ち木中に巣をつくるものまで、さまざまである（松本 1983 [10]，Collins 1983 [16]）。朽ち木中に生息する種は、巣そのものが餌でもあるが、塚をつくる種などでは、巣から餌場である朽ち木まで蟻道と呼ばれるトンネルをつくる。また落ち葉や枯れ草などの小片を集めてくる種も存在する。このように、枯死植物を食べる分解者としての生態学的な重要性は以前から注目されてきているが、それ以外にもシロアリの生物学は知れば知るほど興味深い現象に満ち、謎をはらんでいる。

4.3 シロアリの系統学的位置

ここで簡単に、真社会性昆虫の一大グループであるシロアリという虫について解説しておく。シロアリは、昆虫綱 Insecta のなかでは、等翅目（シロアリ目 Isoptera）に属するものの総称で、名前に「アリ」という言葉が入っているものの、アリ・ハチなどの膜翅目 Hymenoptera とは系統的にまったく異なっている。アリ・ハチなどの膜翅目は、ウジ虫状の幼虫から蛹を経て成虫になる完全変態昆虫なのに対し、シロアリは幼虫の頃から親と似た形態をしていて蛹の時期を経ない不完全変態昆虫（バッタ・カマキリ・セミなどを含む）に分類される（図4.1；**Zoom Lens** 完全変態と不完全変態）。シロアリはゴキブリと近縁とされ、分子系統学的解析からキゴキブリ科がシロアリの姉妹群であることがわかっている。すなわちシロアリを除いたゴキブリ類は単系統ではないため、シロアリ目を、ゴキブリ目 Blattoidea のなかのシロアリ上科 Termitoidea としてしまうという考え方が主流となりつつある（Lo et al. 2007）[19]。

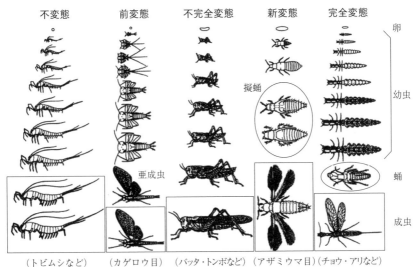

図 4.1　昆虫におけるさまざまな後胚発生のパターン
(Heming BS : Insect development and evolution, Cornell Univ Press, 2003, p.238 [17] より改変)

Zoom Lens | 完全変態と不完全変態

　私は大学での講義でよく、チョウ、ハエ、カブトムシ、カマキリ、バッタ、コオロギ、カメムシ、トンボ、セミ、テントウムシ、アリなどなど、思いつく一般的な昆虫の名前を列挙して、「これらを大きく二つに分けよ」あるいは「これらの系統関係を示せ」というような問題を学生に出すことがある。正解を述べる学生も多いが、あまり昆虫に馴染みのない学生などは、緑色をした昆虫とそうでない昆虫に分けるなど、珍回答も散見されて面白い。

　昆虫類を系統進化に沿って分類するうえでは、彼らの後胚発生過程がひとつの大きな鍵となり、「蛹」というステージを経て「変態」を行うかどうかで大きく二分されるといってもよい（Heming 2003 [17]，図 4.1）。変態を行う昆虫類を完全変態昆虫 holometabola、変態を行わない昆虫類を不完全変態昆虫 hemimetabola と呼ぶ（Sehnal et al. 1996）[18]。上にあげた例では、チョウ、ハエ、カブトムシ、テントウムシ、アリは完全変態昆虫、カマキリ、バッタ、コオロギ、カメムシ、トンボ、セミは不完全変態昆虫ということになる。

たいていの完全変態昆虫は幼虫と成虫とで形態が大きく異なり、餌も違う場合が多い。たとえばカブトムシであれば幼虫期には腐葉土を食べ、成虫では樹液が栄養源となる。チョウやガなどの鱗翅目昆虫は幼虫期には植物の葉を食べ、成虫では花蜜を吸う。完全変態昆虫は幼虫期には「成長 growth」に集中したライフスタイルをとり、成虫期には「繁殖 reproduction」と「分散 dispersal」に特化したライフスタイルをとることができるように適応したと考えられる。このため幼虫は餌の中など摂食が十分にできる環境中で生活し、齢間 intermolt の期間に十分に成長できるよう、イモムシやウジ虫などをみてもわかるように伸縮自在な柔らかいクチクラ（表皮）をもっている。

　一方で不完全変態昆虫は、1齢幼虫の時期から成虫と似た体制をとっており、摂食する餌も幼虫と成虫とで同じものの場合が多い。もちろん成虫になるまで繁殖は行わないので、繁殖器官である卵巣や精巣、外部生殖器などは成虫になるまで成熟しない（徐々に成熟していく場合もある）。同様に翅も成虫になるまで完成せず、成虫脱皮を完遂するまで、すなわち羽化をするまで飛翔することはできない。不完全変態昆虫にもいろいろな昆虫が含まれるが、完全変態昆虫とは異なり、これらの昆虫は単系統というわけではない。完全変態昆虫はすべて一つの共通祖先種から種分化した単系統だが、不完全変態昆虫はそうではなく、完全変態昆虫とは側系統の関係にある。つまり完全変態昆虫は不完全変態昆虫の系統に入ってしまうことになる。いい換えれば、不完全変態昆虫の一部が完全変態昆虫へと進化したと考えられている。

　この他にもトビムシやカマアシムシなど、六脚類（昆虫を含む6本脚の節足動物の系統）の祖先的な種では無変態（あるいは不変態）と呼ばれる後胚発生様式をとる。この場合は、1齢の頃から成虫とほぼ同じボディプランで、脱皮を経るごとにサイズアップし、繁殖齢（成虫に相当）に達した後も定期的に死ぬまで脱皮を繰り返す。また、カゲロウ目は前変態という変わった発生様式をたどる。カゲロウの仲間の幼虫は川の中に棲息しているが、初夏から秋にかけて羽化をする。しかし羽化して飛ぶようになったものは成虫ではなく、亜成虫と呼ばれ、交尾をする前にもう一度脱皮をする。このように亜成虫は成虫へと脱皮をするため、翅の内部は表皮細胞層がまだ存在しており、そのためくすんだ半透明にみえる。成虫になると翅の透明度は増し、複眼などの外部形態も変化する。カゲロウ以外の昆虫は「羽化」＝「成虫脱皮（成虫になるときの最後の脱皮）」となるが、カゲロウ目においてのみ羽化と成虫脱皮が一致しない。

羽化は幼虫から亜成虫への脱皮であり、成虫脱皮は亜成虫から成虫への脱皮ということになる。あとひとつ、新変態という不完全変態と完全変態の中間的な発生様式もある。これを行うのはアザミウマ目だけである。アザミウマには「擬蛹」と呼ばれる蛹に似た齢期がある。この時期の幼虫個体は摂食はまったく行わないが、動くことは可能となっている。擬蛹の齢期は種によって1～2齢存在している。

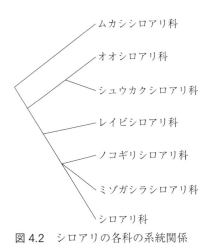

図4.2　シロアリの各科の系統関係

　シロアリ類は全部で7科からなる（図4.2：シロアリの系統）。列挙すると、ムカシシロアリ科、オオシロアリ科、シュウカクシロアリ科、レイビシロアリ科、ノコギリシロアリ科、ミゾガシラシロアリ科、シロアリ科である（さらに細分化するという説もある）。シロアリ科に属する種は高等シロアリ、他の6科は下等シロアリと便宜的に呼ばれることが多い。シロアリ科はもっとも進化的に進んだ（派生的な）グループとされ熱帯で適応放散しており、他の6科とは異なる特徴をもっている。具体的には、腸内に原生動物（**Zoom Lens** シロアリと腸内原生動物の共生関係）を保有していないことや、高度な社会行動やカースト分化経路（早期二分岐型）を有すること、複雑かつ精巧な構造をもつ巣をつくることなどがその特徴である。

Zoom Lens | シロアリと腸内原生動物の共生関係

　シロアリの餌は、他の動物が栄養源とすることは難しいとされる木材である。木材は、植物体を支持する細胞壁からなっている。細胞壁は物質的には、セルロース、ヘミセルロース、リグニンなどの物質が複合体となって、強固な構造体を形成している。シロアリは自分でも唾液腺や中腸などでセルロースを分解する酵素であるセルラーゼを発現することができるが、消化作用の多くを消化管内に共生している微生物に依存している（Watanabe et al. 1998 [20], Tokuda and Watanabe 2007 [21]）。シロアリ7科のうち、祖先系統に近い六つの科のシロアリは「下等シロアリ」と便宜的にいわれることがあるが、これらのシロアリでは、消化管の後腸と呼ばれる部位に鞭毛虫などの原生動物を共生させている。高等シロアリでは一部の種類を除いて原生動物は消化管には存在せず、バクテリアなどの微生物が消化に貢献している。原生動物は、木材を構成する成分を栄養源として嫌気的に発酵させ、シロアリは原生動物が代謝した酢酸塩を好気的に利用する（Hungate 1939）[22]。また、シロアリは、共生微生物に消化管というきわめて安定した棲息空間を提供している（松本 1983）[10]。哺乳類においても、ウシなどの草食動物では胃や腸に共生バクテリアを保持することで植物の草や葉を食料源として利用できるようになっている。

　下等シロアリの後腸には1～10種程度の原生動物が共生しており、種ごとにその組成はほぼ決まっている（北出 2007）[23]。原生動物は主にセルロースの分解に寄与するらしいことが最近の研究から明らかにされている（本郷 2012）[24]。腸内の微生物は原生動物だけでなく、バクテリア（真性細菌）やアーキア（古細菌）も多様である。細菌類は原生動物の細胞表面や細胞内にも存在しており、複雑な共生系を構築していると考えられる。このように、シロアリの腸内は微生物の宝庫であり、微生物の物質循環における役割などを探る格好の場であるため、シロアリ研究者のみならず多くの微生物研究者が注目している（板倉 2003）[25]。

　シロアリ類のすべての種は真社会性の特徴をもつ（Zoom Lens さまざまな社会性の程度）。動物の示す社会性にはさまざまなレベルがあり、単純に複数個体が

集合しているものは集合性、親が子どもの世話をするものを亜社会性などという。真社会性といった場合には、もっとも高度な社会を有することを示しており、複数個体での共同育児、不妊のヘルパー個体（すなわちワーカーやソルジャー）が存在する繁殖分業、そして複数世代が重複して同じ巣で生活していることなどがその特徴としてあげられる（Michener 1969）[26]。この定義は膜翅目の社会性を想定してのものであるため、その後、さまざまな動物群で真社会性のものが発見されたことにより、見直しがされている（辻 1999）[28]。

> **Zoom Lens** | さまざまな社会性の程度
>
> 　社会性昆虫とひとことでいっても、昆虫の種類によってその社会性の程度はさまざまである。Michener（1969）[26] は、真社会性昆虫のみならず他の昆虫の社会性も含め、①繁殖分業、②世代の重複、③共同育児という三つの性質に基づいて6段階に分類した。これにより、真社会性まで至らずともある程度の社会性を保有している昆虫類の社会性も評価できるようになり、真社会性を獲得するに至るまでどのような経緯をたどったのかも考察されている。
> - 単独性 solitary：三つの性質のいずれも保有せず。
> - 亜社会性 subsocial：一定期間、自身の子を保育する。
> - 共同巣性 communal：同世代の個体が共同で巣を創設するが、共同保育は行わない。
> - 疑似社会性 quasisocial：同世代の個体が同巣において共同保育する。
> - 半社会性 semisocial：共同保育を行うとともに繁殖の分業も行う。
> - 真社会性 eusocial：共同保育・繁殖分業とともに、世代も重複する。
>
> 　真社会性への進化ルートは「亜社会性ルート」、すなわち単一家族が由来となって大家族を形成したとされるルートと、複数の家族が共同して生活したとされるルート、すなわち共同巣性・疑似社会性を経る「半社会性ルート」の二つが考えられている（松本 1993）[27]。

4.4 カースト間の分業

　真社会性のもっとも重要な特徴のひとつに、「カースト間の分業」があげられる。カーストとは、形態的・機能的に特殊化したコロニー内の多型個体を指す。コロニー内の分業を適切かつ効率的に行うために、各カーストはそれぞれの仕事（タスク）に適合した形態をもっている。カーストはまず、自らが繁殖を行うか、つまり繁殖カーストか非繁殖カースト（不妊カースト）かに大別される。アリでいえば、女王（クイーン）になるか、働きアリ（ワーカー）になるかであり、これが繁殖分業と呼ばれるものである。不妊である非繁殖カーストは自分自身は繁殖しないが、血縁者である繁殖個体を助けることにより適応度を上げていると考えられている（血縁選択説、Hamilton 1964 [1]）。アリの場合もシロアリの場合も、非繁殖カーストはさらに細分化されており（サブカーストという）、アリでは防衛などに特化した大きいワーカーをメジャーワーカーと呼び（これをソルジャーと呼ぶこともある）、育児や採餌などを行う小型のマイナーワーカーに分けられることが多い。シロアリのコロニーには通常、雌雄一対の繁殖個体（王と女王）とワーカー（働きシロアリ）、ソルジャー（兵隊シロアリ）の不妊カースト、そして世話を受ける未成熟の幼虫個体、次世代の繁殖個体（有翅虫）へと分化するニンフが含まれる。

　シロアリのコロニーは基本的には「家族」単位で、血縁者からなる個体の集団である。なので、完全なクローンではないものの家族程度に近縁な血縁個体同士が集まって社会行動を営んでいる。カーストの分化運命、すなわちどの個体がどのカーストになるかは遺伝的に決まっているわけではなく（最近では遺伝的にカーストが決まる例も報告されているが）、生まれてからの発生過程、とくに幼虫時代の後胚発生過程の間での栄養条件や季節条件、個体間相互作用によって生理状態が影響を受け、各カーストへと分化することが知られている（Noirot 1991）[29]。つまりシロアリに限らず社会性昆虫のカースト多型は、表現型可塑性・表現型多型の観点からもきわめて興味深い研究対象であるということができる。

4.5 シロアリの生活史とカースト分化経路

　シロアリのカースト分化は、シロアリの生活史（ライフサイクル）と密接な関係をもつ（**Zoom Lens** 社会性昆虫の生活史）。温帯域では春に、熱帯域では雨期に有翅虫が群飛できるように、丁度よいタイミングで有翅虫を産生しなくてはならないし、コロニー内のソルジャーの比率を適切なものに保つための調節も必要となる。新たなコロニーは通常は一ペアの有翅虫（羽シロアリ）に端を発するが、場合によっては分巣（巣分かれ）によるものや補充生殖虫（副女王などともいう）による繁殖も行われる。不妊カーストでコロニー内の仕事をになう個体をワーカー（職蟻）といい、防衛に専門化した個体をソルジャー（兵隊）と呼ぶ。通常ソルジャーは幼虫あるいはワーカーから2回の脱皮を経て分化する。ソルジャーになる前段階の齢はプレソルジャー（前兵隊）と呼ばれる。幼虫とは通常コロニー内の仕事をになっていない幼若個体を指すが、有翅虫へと分化する予定の幼虫で翅芽をもつ個体をニンフという。ほとんどすべてのカーストは、卵から孵化した後の幼虫期間（後胚発生という）で決定される。

Zoom Lens ｜ 社会性昆虫の生活史

　アリ・ハチなどの社会性膜翅目とシロアリ類では、完全変態と不完全変態という昆虫の系統としては遠く離れているが、その生活史すなわちライフサイクルは非常に似ているところが多くみられる。その一方で、繁殖の様式は両者で異なる点が多い。膜翅目は単数倍数性（オスがnでメスが2n）でオス個体は交尾をしてすぐ死んでしまい、結婚飛行後の新しい巣の創設は女王アリ（または女王バチ）が単独で行う。女王はオスの精子を貯精嚢に蓄え、それを用いて一生繁殖を続ける。一方シロアリは倍数性（オス・メスともに2n）であり、結婚飛行後に雌雄が共同して巣を創設し、交尾を繰り返しながら子どもを増やしていく。しかし、個体がどのカーストへと分化するかのカースト分化運命の決定は卵が孵化してからの後胚発生過程で決定する点や、夏季の間に次世代の繁殖虫である有翅虫を産生する点などは類似している。また、次世代を増やす方法は結婚飛行のみではなく、分巣（巣分かれ）という方法が存在する点も、詳細

は異なるものの似たところがある。膜翅目、とくにミツバチの場合は、「分蜂」と呼ばれる巣分かれを行うことは有名である。新女王は単独で巣を創設するのではなく、新女王の姉妹に相当する多くの働きバチを引きつれて新たな営巣場所へと集団で引越をする現象である。アリにおいてもいくつかの種では、コロニーの構成メンバー数があまりにも大きくなると巣分かれをすることがある。シロアリの場合には、積極的に引越をするというよりも（シロアリの引越現象が知られていないだけかもしれないが）、本巣から蟻道と呼ばれるトンネルを周囲に伸ばし、採餌場所に近いところに比較的大きなサテライト・ネスト（出張場所の陣営のようなもの）をつくることがある。このサテライト・ネストが何かのアクシデント（倒木や落雷など）により本巣から分断されてしまうことにより、単独のコロニーとして振る舞うことがある。この場合には、サテライト・ネストの中に存在するワーカーなどから「補充生殖虫」や「置換生殖虫」と呼ばれる繁殖虫が出現し、新たな女王・王として繁殖を行うことになる。

シロアリのカースト分化のパターンをカースト分化経路といい、シロアリの種それぞれで異なる分化経路をもっている。この分化経路のパターンは、シロアリの分類群により、不妊カースト経路と生殖カースト経路が幼虫の若齢の時期に分かれる早期二分岐型と、幼虫齢の後半（たとえば7齢）までどの個体も分化せずに発生が進み、そのステージで発生が停止した個体がワーカーとして働く直列型の、大きく二つに分類されている（5.2節のカースト分化経路参照）。

4.6　コウグンシロアリの採餌行動

先にも述べたように、著者は大学院生時代、ボルネオ島でコウグンシロアリの一種 *Hospitalitermes medioflavus* の研究を行ってきた（三浦 2000）[30]。コウグンシロアリ属 *Hospitalitermes* は東南アジアの熱帯降雨林に広く分布するが、餌である地衣類を採餌するため、巣外に出て大規模な行進を行う（**Zoom Lens** グンタイアリの行進）。私がフィールドに選んだのは、ボルネオ島のインドネシア領・東カリマンタンにあるブキット・スハルト保護林である。この森は伐採も山火事も経験済みの二次林であるが、樹高が 50m 以上にも達するフタバガ

キ科の樹種も多く残り、原生林の様相も漂わせる比較的よい森である。林内の大木が群生する保存された場所では、コウグンシロアリの巣が高頻度で分布しており、天気のよい日には日中でもこのシロアリの大行進によく出くわす。コウグンシロアリの巣は大木の根元や倒木にあることが多く、木のうろから外部に塚が盛り上がるような形の構造をとっている。

Zoom Lens | グンタイアリの行進

　大行進を行う昆虫というと、グンタイアリというものがすぐに思いつく。グンタイアリはもちろん、シロアリとは系統的にも離れたアリ科に属するが、アリ科では大行進を行う種は複数知られている。グンタイアリといった場合、もっとも有名なグンタイアリ属 Eciton を含む系統の5属150種を指し、これらの系統をグンタイアリ亜科（狭義の亜科）とする分類学者もいる（Watkins 1976）[31]。私自身もパナマのバロコロラド島での調査時にグンタイアリ属の大行進に遭遇したことがあるのだが、すさまじい行進だった。特定の巣をもたず、仮の営巣場所（ビバークという）を転々と変え、狩りを行いながら移動する（Rettenmeyer et al. 2011）[32]。捕食の対象となるのは昆虫類や小動物。ハリアリの仲間なので、尾部には針をもち非常に攻撃性が高い。とくにソルジャーに相当するメジャーワーカーは他のワーカーと著しく形態が異なり、体も大型できわめて発達した大顎をもつ。移動の際は、幼虫や繭もワーカーが加えて運ぶ。コロニーには女王がおり、女王も一緒に異動するが、女王の周囲はワーカーがビッシリ張り付いた状態で移動するため、アリの集団の塊が動いているようにしかみえず、女王の姿を目視するのは難しい。同じグンタイアリ亜科でもグンタイアリ属を含む中南米（新世界）のグンタイアリと、アフリカ（旧世界）のサスライアリ（Dorylus 属）とでは形態や習性が異なる。サスライアリのソルジャー（メジャーワーカー）は、グンタイアリ属のソルジャー以上に大顎が発達し、嚙みつく力も強い。アントヒル ant hill と呼ばれる巣をつくり、しばらくの間巣に滞在することもあるが、とくに食料が少ない季節に食料を求めて大行進を行って放浪することが知られる。グンタイアリ亜科以外にも、東南アジアに棲息するハシリハリアリ属 Leptogenys も定まった巣をもたず狩りをしながら移動する放浪性のアリである。いずれの場合も、かなり驚異的な捕

食者として生態系に君臨しており、コウグンシロアリの行進と比べると、ずいぶんとスピードと迫力のある行進が行われる。

　コウグンシロアリの採餌行動は、たいてい夕暮れ時に始まる。何が採餌行動を引き起こす要因なのかは、いまだに疑問の残るところではあるが、おそらく温度や湿度・日照条件によって採餌開始が誘発されるのではないだろうか。採餌はコロニーによってもばらつきがあるが、だいたい3日に1度くらいの頻度で行われており、1回の採餌活動で大きいコロニーでは30万～50万の個体が巣から出ることがわかっている（Miura and Matsumoto 1998）[33]。巣の表面には巣口と呼んでいる開口部がいくつかあり、その巣口をソルジャーが常に取り囲み、外界の捕食者などから巣を防衛している。コウグンシロアリはシロアリ科に属し、そのなかのテングシロアリ亜科に入る。シロアリ科には他に、キノコシロアリ亜科、アゴブトシロアリ亜科、シロアリ亜科がある。テングシロアリ亜科では、その名のとおりソルジャーの頭部には天狗の鼻のような額腺 nasus と呼ばれる突起物があり（5.7節のテングシロアリ兵隊の額腺突起原基を参照）、ここから粘性のあるテルペン系の忌避物質を発射することによってアリ・クモ・サシガメ（カメムシの仲間）などの捕食者を撃退する。

　夕方になり、そのソルジャーたちが巣の外へと出てくることによって行進が始まる。ソルジャーに続きワーカーが巣から出てきて、先頭が入れ替わりながら行進はどんどん伸びていく。採餌行進は倒木の上はツルの上などを伝い、採餌個体たちは重力を感じて上へ上へと採餌ルートをとることから、この採餌ルート取りは「尾根筋たどり crest-line traveling」と呼ばれている（Jander and Daumer 1974）[34]。多くの個体が通った道には、糞などの分泌物の跡がしばしば観察され、後ろから来る個体はここをたどると考えられる。おそらく道しるべフェロモン（**Zoom Lens** フェロモン）も使っているのだろう。採餌場は大木の樹上や倒木の表面で、一面にワーカーが広がり表面に付着した地衣類をかじり取っている。採餌場の周囲もソルジャーが取り囲み、防衛にあたっている。

> **Zoom Lens** | フェロモン
>
> フェロモンという言葉を知らない人はあまりいないだろう。学術的な定義は、「生物体内で生産され体外に分泌後、同種の他個体に対して一定の行動や生理状態の変化をもたらす生理活性物質」ということになる（Karlson & Lüscher 1959）[35]。フェロモンは、その機能により、さまざまのタイプに分類されており、社会性昆虫は個体間コミュニケーションを行うことから、そのいくつかが社会性の維持に関与している。まずフェロモンは、他個体の行動を誘発・解発する「リリーサー・フェロモン」と、他個体の生理状態を変化させる「プライマー・フェロモン」に大別される。リリーサー・フェロモンには、集合フェロモン、警報フェロモン、道しるべフェロモンなどが分類される。一方プライマー・フェロモンには、社会性昆虫の女王物質や、兵隊分化抑制フェロモンなどが知られるが、具体的な物質はわずかしかわかっていない。ヒトの性周期が同調するのもフェロモンのためであると考えられている。性フェロモンは異性を誘引するためリリーサー・フェロモンと一般には考えられているが、生殖腺の発達なども促す場合にはプライマー・フェロモンということになるだろう。

4.7　コウグンシロアリの栄養生態

　多くのシロアリの種の摂食する木材は、炭素（C）・水素（H）、酸素（O）からなるセルロースを主成分としている。ところが、タンパク質を構成するのに必須な窒素（N）がきわめて欠乏しているため、シロアリはさまざまな戦略でこれに対処している。栄養交換行動（肛門からの腸内容物や吐き戻しをコロニーメンバー間で交換する行動）で窒素分のリサイクルをしたり、腸内に窒素固定細菌を宿す種もいる。最近のシロアリのメタゲノム研究（シロアリの腸内に共生する微生物すべてのゲノム配列を解読する解析）から、シロアリの後腸に存在する微生物が空中窒素をアミノ酸へ、そしてタンパク質へと同化し、それらが別のシロアリ個体へと栄養交換により受け渡され、中腸で消化吸収されることにより、そのシロアリ個体はアミノ酸を得ていることが明らかになりつつある（Warnecke et al. 2007 [36]、Tokuda et al. 2014 [37]）。キノコシロアリ亜科の各種は、巣内に

菌類を栽培することにより、窒素含有量の比較的高い菌糸を摂食している。コウグンシロアリの場合は、熱帯雨林の木々に付着する地衣類（菌類と藻類が共生したもの）を餌とし、これを採餌するために大行進を行っている。熱帯の地衣類には、樹冠に棲息し空気中の窒素を固定するものも報告されている (Foman 1975) [38]。実際に、コウグンシロアリの餌となる地衣類の窒素分を測定してみると、非常に高い値であった (Miura and Matsumoto 1997) [39]。さらに面白いことに、本種の巣内には他種のシロアリ (*Termes* 属) が居候しているのだが、コウグンシロアリの糞などでつくる巣構造の部分も窒素含有量が高いため、他種にとって有用な餌資源となっていることが考えられる。コウグンシロアリの糞などでつくられる巣材は構造的に非常にもろい一方、*Termes* 属の巣材は土壌（砂粒など）が含まれており、これがコウグンシロアリの巣を覆うことで頑強な塚をつくっている。そのため、栄養分の高い餌をもらう代わりに強固な巣を提供する共生関係にあるのではないかと考えられる。

4.8　ワーカー間の分業と多型ワーカーの発見

　餌となる地衣類は球状（ダンゴ状）に集められ、巣に持ち帰られるが、この餌ダンゴ food ball をつくるワーカーの間には興味深い分業がみられる。多くのワーカーが採餌場に広がり地衣類をかじり取っているが、その間でじっと動かずに待っているワーカーがいる。動かずに待っているワーカーは地衣をかじり取っている個体から餌の小片を繰り返し受け取り、次第に口にくわえた餌の塊を大きくして餌ダンゴをつくっていく（図4.3：ワーカー間の分業、口絵3）。餌ダンゴが適当な大きさになると、この個体は巣へと餌ダンゴを持ち帰る。つまりコウグンシロアリの採餌ワーカーには「かじり屋 gnawers」と「運び屋 carriers」の分業がある。この分業自体はすでに報告があるが (Collins 1983) [16]、これまでは「かじり屋」と「運び屋」の間に形態的な差はないとされてきた。私は分業しているワーカー間の差違を見出すため、かじり屋と運び屋をボルネオのフィールドで別々にサンプリングしてアルコール標本として研究室に持ち帰り、頭幅を測定した。

　採餌ワーカーの頭幅測定の結果、非常に興味深い事実が明らかとなった。結

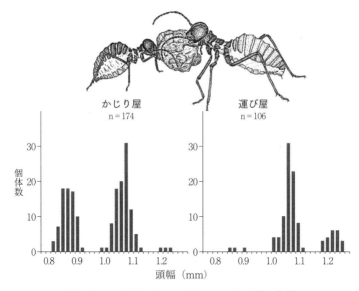

図 4.3　コウグンシロアリのワーカー間の分業

論からいうと、採餌を行うワーカーには大きさからみて 3 タイプの個体がいることがわかった。これら 3 タイプのワーカーを大きいほうから major, medium, minor worker（大・中・小ワーカー）とそれぞれ呼んでいるが、運び屋は大および中ワーカーから、かじり屋は中および小ワーカーから成ることがわかった（Miura and Matsumoto 1995）[40]。中ワーカーには（すべての個体というわけではないが）採餌の初めにはかじり屋をしていた個体が、後に仕事を変え、最後に巣に帰るときには運び屋として餌を運ぶものもいることがわかった（Miura and Matsumoto 1998）[33]。

4.9　社会行動と個体発生の制御

　採餌活動に出るカーストには、3 型のワーカーと単型のソルジャーの計四つのカーストがあることが明らかとなったが、ここで新たな疑問が生じた。先にも述べたように、シロアリは不完全変態昆虫であり、幼虫期からワーカーとして働くことも可能である。また、アリ・ハチではコロニー内の不妊カーストは

すべてメスである一方、シロアリではワーカーやソルジャーにも雌雄が存在する。また高等シロアリの多くの種では、雌雄の性でカースト分化経路が異なることが知られている（Noirot 1969）[29]。つまり、コウグンシロアリの採餌に出る四つのカーストの齢と性は何か、すなわち発生段階・性との関係に非常に興味がもたれた。コウグンシロアリのような高等シロアリでは、ワーカーやソルジャーの不妊化は不可逆的であり、繁殖器官は完全に退縮してしまうため、外部からその雌雄を判別することは困難である。しかし、腹部を切開し、消化管を取り除いてヘマトキシリン溶液で染色すると、メスの第8腹板の後端に受精嚢の痕跡が認められる。これを利用し、上記4カーストと、巣内の未成熟個体の性を判別した。その結果、中ワーカーと大ワーカーはメスで、小ワーカーとソルジャー、そしてソルジャーへと脱皮するプレソルジャーはオスであることが示された。また、雌雄ともに1、2齢の未成熟個体が巣内にいることが明らかとなった。

　ここまでの研究から、雌雄とも若齢ステージを経てワーカーやソルジャーへと分化するが、それ以後の分化経路は頭幅からだけでは結論することはできない。そのため、巣内の個体を観察し、脱皮中個体および脱皮が近づいた個体の観察を行ったところ、中ワーカーから大ワーカーへ、小ワーカーからプレソルジャーへと脱皮中の個体が見つかった。また、脱皮間近の中ワーカーの大顎中には新しくワーカーの大顎が形成されており、小ワーカーの大顎中にはソルジャーの大顎が形成されていた。これらの証拠から、メスでは2齢の幼虫期を経て中ワーカーから大ワーカーへと分化し、オスでは2齢幼虫の後、小ワーカーからプレソルジャーを経てソルジャーへと分化することが結論された（Miura et al. 1998）[41]。

　ここで示された分化経路は、すでに報告のあるテングシロアリ属 *Nasutitermes* のものとほぼ同じものであったが、*Hospitalitermes* 属では採餌における分業体制が明らかにされていたので、上記のカースト分化の経路と合わせて、その分業体制を図4.4のように図示することができる。採餌におけるワーカーのかじりと運びの仕事、ソルジャーの斥候・防衛の仕事はこのように、雌雄の性と発生段階（齢）により2次元的に表現することが可能である。これは先に述べた、シロアリの不完全変態であるという特徴と、不妊カーストに雌

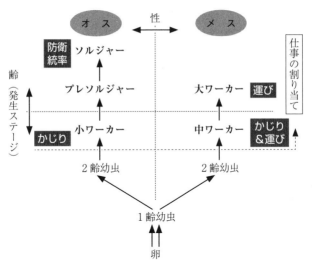

図 4.4　コウグンシロアリのカースト分化経路と分業体制

雄が存在するという特徴を発揮してこそ実現された分業システムに他ならない。このように社会性昆虫のコロニーでの社会行動には、各個体の個体発生を微妙かつ精巧にコントロールし、コロニーというユニットでの効率を最適化するような分業システムが存在しているといえる。このことはつまり、社会行動の理解には、後胚発生におけるカースト分化機構を解明することが非常に重要であるということを示している（第 5 章参照）。カースト分化のメカニズムの解明には個体発生の様式が不可欠で、カースト分化とフェロモン、ホルモンによるコントロール、また個体間相互作用の関係など、今後の研究にゆだねるところはまだまだ多い。熱帯雨林中にひっそりと暮らすシロアリのような昆虫にも、このように精巧で緻密な進化の産物としての社会システムを見出すことができる。こうした経緯で私の研究は社会行動の研究から、カースト分化の発生機構の研究へとシフトしていったのである。

　次章ではシロアリのカースト分化のメカニズムを解明するさまざまな試みについて紹介しよう。

第5章

カースト分化の発生機構

5.1 カースト分化研究のための材料の選定

　社会性昆虫におけるカースト分化というのはこれまでにも述べてきたとおり、発生の問題である。胚発生および卵から孵化した後の後胚発生を含めた発生過程のなかで、カーストの分化運命が決定づけられる。それに従って、特異的な形態をもち、行動をとることにより、そのカーストならではの機能が果たされることになる。

　カースト分化の過程を研究するためには、まず研究室での飼育が可能な種を選定することが重要である。加えて、着目しているカースト分化の過程を実験室で人為的に誘導し、再現することが可能である対象種が望ましい。シロアリの有翅虫（羽アリ）の分化は春から初夏であり、温度や湿度などの季節性の影響を大きく受ける。そのため有翅虫の分化過程を研究の対象とした場合、その季節になれば大量の材料を得ることができるが、1年に1度しか研究のチャンスは訪れないことになる。

　そこで著者は、これまでの先行研究を参考に、日本において入手および飼育可能なシロアリ種を探し、研究対象の選定を行った。ヤマトシロアリ *Reticulitermes speratus* や、イエシロアリ *Coptotermes formosanus* は日本において広範囲に分布しているうえ、家屋害虫にもなっているために先行研究の蓄積もある。どちらも有力な候補ではあったが、体サイズが日本最大、いや世界中のシロアリと比べても最大級であるオオシロアリ *Hodotermopsis sjostedti* を用いれば、解剖やホルモンの投与、あるいは部位ごとの遺伝子発現の分析など

も行いやすいと考えた（口絵4：オオシロアリ）。またこの種ではすでに、幼若ホルモン類似体の人為投与により擬職蟻（偽ワーカー）からプレソルジャー（前兵隊）への脱皮が誘導できる実験系が確立していた（Ogino et al. 1993）[1]。このような経緯から、現在に至るまでわれわれは主にオオシロアリを研究材料にしてカースト分化研究を行ってきている。

まず最初にわれわれが行ったのは、この種がどのようなカースト分化の経路をたどって発生していくかを知ることであった。カースト分化は、孵化後の後胚発生の過程で発生経路が分岐していくことで成立する（第4章）。またシロアリは不完全変態昆虫であり、幼虫であっても翅と生殖器以外の体の構造は成虫と大きくは違わないので、飛翔や生殖の必要のないワーカーやソルジャーとしての機能をになうことは可能である。とくにワーカーは、種によって分化経路の終点となる場合と、そうでない場合がある。後者では、ワーカーからソルジャーや繁殖虫にも分化することが可能なケースも多い。これらの発生経路のパターンは種によって多様であるため、分化経路について論文などで報告がない種でカースト分化の研究をしようとした場合には、まずは分化経路を特定する必要が生じる。

5.2 カースト分化経路

シロアリの分化経路のパターンはおおむね二つに大別できる（Roisin 2000 [2]；図5.1）。ひとつ目のパターンでは、どの個体も卵から孵化した後に6～7齢の幼虫までは個体ごとに分化はせずに脱皮と成長を続け、老齢の個体がワーカーとしての役割をになう。そしてこのステージに至ると、ソルジャーや有翅虫、その他の繁殖虫（補充生殖虫、置換生殖虫、副女王などと呼ばれる有翅虫を経ない無翅の繁殖虫）に分化するため、ここが重要な分化の分岐点ともいうことができる。この老齢幼虫は、有翅虫としての繁殖の可能性を残しながらもワーカーとしての機能を果たすため（つまり完全不妊ではないため）、偽ワーカーの意味である「擬職蟻 pseudergate」と呼ばれる。このタイプの分化経路は、老齢幼虫になるまでどの個体も同じ発生経路をたどるため「直列型 linear pathway」として分類されている（第4章参照）。もうひとつが、「早期二分岐型 bifurcated pathway」

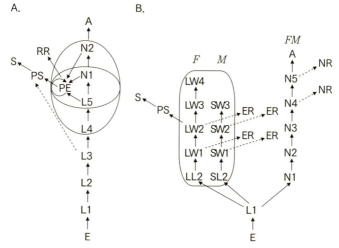

図5.1 二つのカースト分化経路
　　A：直列型、B：早期二分岐型
　　E：卵　L：幼虫　N：ニンフ　A：有翅虫　PE:擬職蟻　PS：プレソルジャー　S：ソルジャー　RR：補充生殖虫　SL：小型幼虫　LL：大型幼虫　SW：小型ワーカー　LW：大型ワーカー　ER：ワーカー型補充生殖虫　NR：ニンフ型補充生殖虫　F：メス　M：オス
（Roisin Y：Abe T et al.（Eds.）, Termites: Evolution, sociality, symbioses, ecology, Kluwer, 2000, p.98-99［2］より改変）

と呼ばれる分化経路で、繁殖カーストと不妊カーストの分岐点が幼虫のごく初期（1〜2齢）にあり、ワーカーやソルジャーは早くに有翅虫に分化できる可能性を喪失する。この場合のワーカーは、無翅の置換生殖虫になる場合がごく稀にあるものの、有翅虫になることはできないため、完全不妊のワーカーという意味で true worker と、研究者たちには呼ばれている。早期二分岐型には、ムカシシロアリ科、シュウカクシロアリ科、ミゾガシラシロアリ科の一部、シロアリ科などが属し、直列型には、オオシロアリ科、レイビシロアリ科、ミゾガシラシロアリ科の一部が属している。どちらのタイプの分化経路が祖先型であるかに関してはいまだに議論のあるところであり、現在までに分子系統をベースにした議論などが展開されている（Thompson et al. 2000［3］, Legendre et al. 2013［4］）。著者らは発生機構も詳細に比較したうえで、議論したいと考えている。オオシロアリは、比較的原始的な形質をもつシロアリと考えられており、

7齢個体が擬職蟻となる直列型の分化経路を有している（Miura et al. 2000 [5], 2004 [6]）。

　また、シロアリには他の昆虫種にはみられない特殊な脱皮様式を2種類もっており、それによりカースト分化がさらに複雑化するとともに、臨機応変なカースト比の調節などを行うことができるようになったと考えられている。シロアリの特殊な脱皮のひとつ目が、静止脱皮 stationary molt である。これは高齢の擬職蟻が、繁殖虫やソルジャーへと分化せず（つまりニンフやプレソルジャーに脱皮することはせず）、ほとんど形態変化や成長をともなわずに擬職蟻から擬職蟻へと脱皮することを指す。この脱皮がなぜ必要で、どのぐらいの頻度で行われているのかについては詳しいことはわかっていないが、おそらく擬職蟻はあくまで幼虫のステージであり、コロニー内で労働カーストとして居つづけるためには、一定の期間ごとに脱皮を繰り返さねばならないという、昆虫生理上の拘束のようなものであると考えることができるだろう。

　もうひとつの特殊な脱皮が、退行脱皮 regressive molt である。退行脱皮は、繁殖虫へと分化することがいったんは決定し、翅芽（有翅虫への脱皮後に翅になる部位で wing bud または wing pad とも呼ばれる）を発達させたニンフが、何らかの理由により翅芽のない擬職蟻へと退行してしまう脱皮である。さまざまな原因が考えられるが、巣が壊されたりして有翅虫へと分化しようとしていた個体の生理状態が乱されることで起こると考えられる。また、多くの社会性昆虫で繁殖をめぐるコンフリクト（闘争）があることが知られるが、シロアリのニンフの間でも翅芽を互いに嚙み合うことで有翅虫への分化を抑制することが報告されている。翅芽を嚙まれた個体は、おそらくは完全な翅をもつ有翅虫へと分化することができなくなってしまうため、擬職蟻へと後戻りする退行脱皮を行うことになる。巣内に多く存在する擬職蟻をよく観察してみると、翅を生やす中胸と後胸の背板（背側のクチクラ）の構造が丸みを帯びている個体と台形をした個体がいる。台形型の背板をもつ個体は退行脱皮を経た個体と考えられる（Koshikawa et al. 2001）[7]。

　静止脱皮や退行脱皮は、主に直列型のカースト分化経路をもつシロアリでみられる特徴である。直列型でみられる擬職蟻は、繁殖ポテンシャルを有しながら労働を行うというだけでなく、カースト分化上きわめて柔軟な可塑性を示す

という意味でも重要なのである。

5.3 屋久島にてオオシロアリ採集

　オオシロアリ *Hodotermopsis sjostedti* は、日本では屋久島・種子島から徳之島までの島嶼部、国外では台湾の高地、およびユーラシア大陸に分布する種である。以前は日本産のオオシロアリは *H. japonica* として大陸のものとは別種と扱われていたこともあったが、その後の形態等の詳細な観察により、現在ではシノニムとして *H. sjostedti* と同一種とされている（Takematsu 1996）[8]。

　われわれは、ほぼ毎年のように屋久島にてオオシロアリの採集を行っている。屋久島は、多くの人が知るように世界遺産となるほど自然が豊かで、原生林も多く残っており、オオシロアリの現在の分布域では、ほぼ北限といってよい。九州本土南端や四国にも古い記載はあるが、近年の棲息は確認されていない。オオシロアリは渡瀬線つまりトカラ海峡以南の島嶼部にも棲息するが、渡瀬線以南は毒蛇であるハブもいるため森林の中では注意が必要である。例年学生たちを連れていくこともあり、ハブがおらずオオシロアリもよく見つかる屋久島で採集するのが慣例となっている。屋久島での採集は、長年の蓄積でオオシロアリが比較的多く棲息していて見つけやすいエリアを選定し、その林内に研究室の研究員や大学院生らとともに入り、まずはハンマーで朽ち木を壊しながらオオシロアリの棲息する倒木や立ち枯れ木などをサーベイする。見つけると必要に応じて（コロニーサイズに応じて）人員を呼んで、ノコギリなどでシロアリの生息する枯死材を切断し、足場のよい道路脇まで運んでくる。そこで巣となっている木材を解体し、衣装ケースのようなプラスチック製のケースに巣材である朽ち木とともにシロアリを入れて持ち帰る、という段取りである。オオシロアリが棲息している樹種はいろいろあるが、マツ材がもっとも採集がしやすく、スギなどは節などが硬く木目が詰まっているため難易度が高い。また木材の節や根元の部分は木目が混んでおり材も硬くて重く、木材を壊すのは非常に難しい。採集作業のなかでもっとも肉体的につらいのがノコギリをひくことであるが、近年ではチェーンソーを導入することで採集の効率が一気に上がった。林業関係の道具を探すと役に立ちそうなものがたくさんあるので、今後はそう

いった技術も導入していこうと考えている。

　私がオオシロアリを材料として扱いはじめた当初は、6〜7月頃に屋久島を訪れることが多かった。しかし、この時期は屋久島地方はすでに梅雨入りしていることが多く、採集時に大雨に降られることも少なくなかった。雨天だと採集しているわれわれも不快ということもあるが、採集したシロアリが泥水で溺れて死んでしまうなど、採集の効率が著しく下がる。一方、梅雨があけると逆に暑すぎて輸送中にケース内が高温になることでシロアリが死亡したり、今度は台風の襲来の季節となってしまうことがある。というわけで、5月の連休明けから梅雨入りまでの間に屋久島で採集するのが通例となっている。

　採集したオオシロアリは、大学の昆虫飼育室で維持されている。オオシロアリ以外にも、ヤマトシロアリやトゲオオハリアリ、クワガタムシなど、われわれの研究室で扱われている対象昆虫種が飼育されている。野外から持ってきたオオシロアリの巣にはシロアリ以外にもさまざまな生物が棲んでおり、ときにやっかいなことも生じる。とくに、シロアリの最大の捕食者であるムカデが繁殖してしまうとシロアリの数が激減する。そしてもっとも忌むべきものは、オオシロアリが巣としている木材に生えるカビである。飼育ケースをしばらく放置しておくと、カビが増殖してシロアリも死滅し、ケースじゅうをカビが覆っていることもある。野外からもってきた巣材などの木材や落ち葉などにはさまざまな微生物が付着しているので、もとの巣材はできる限り速やかに除去し、新たにホームセンターなどで購入した松材を湿らせ、少しずつ飼育ケースに入れ徐々に巣材を置換していく。この作業は地道に行うのが重要で、巣を壊しすぎてしまうと、シロアリにストレスがかかり、出るはずだった有翅虫が出なくなったりするなど不具合が生じる。シロアリは餌である木材の中で生活を営んでいるので、昆虫のなかでは比較的飼育が容易なほうであるが、それなりに注意が必要なのだ。

5.4　幼若ホルモン類似体による兵隊分化の誘導

　さて、野外で採集してきたオオシロアリを研究室で維持することが可能になって、ようやくここからカースト分化の研究が開始できるようになる。どのよ

うな研究対象でもそうであるが、「研究室で飼育可能であること」に加えて「研究室で表現型可塑性・表現型多型が誘導可能であること」ができて、はじめてその発生機構を詳しく調査することができる。これができなくても野外で採集したものをすぐに固定処理すれば実験を行うことも可能である。しかし、季節限定の表現型などはチャンスを逃すと1年後、ということになりかねず、研究を進めるのに難点がある。

　シロアリのカースト分化とひとことでいっても、さまざまな繁殖虫への分化や兵隊分化などいろいろとある。もっとも扱いやすいのが兵隊分化である。理由は、「魔法の薬」を使えば比較的容易に分化を誘導することが可能だからである。「魔法の薬」とは、後に詳述する幼若ホルモンという有名な昆虫のホルモンの類似体だ。類似体というのは、分子の構造が似ていることから、ホルモンの受容体と結合し、ホルモンそのものと同様の機能を果たす物質である。オオシロアリの場合、6～7齢個体である擬職蟻を10匹ほど、幼若ホルモン類似体（ピリプロキシフェンという薬剤を使う）の染みこんだ濾紙を餌に飼育すると、濾紙を食べることで類似体が体内に取り込まれ、約2週間ほどでプレソルジャーへの分化が誘導される（Ogino et al. 1993 [1]）。プレソルジャーへの分化後、約2週間ほどでソルジャーへの脱皮が起こるが、ソルジャーへの脱皮は状況依存的で、確実な誘導方法は残念ながら確立されていない。

5.5　カースト分化における形態形成

　カーストとはコロニーのタスク（仕事・機能）に特化した形態をもつ個体のグループであり、たとえばソルジャーは防衛に特化した、あるいは繁殖虫であれば繁殖に特化した形態を備えている。このことはつまり、そのカーストへと分化する過程で「カースト特異的器官」あるいは「カースト特異的部位」としての特殊化が起こることを意味している。兵隊カーストの場合、防衛行動を行うための武器形質を兵隊分化の過程で増大させる。ソルジャーの武器形質はシロアリの系統によりさまざまであるが、もっとも一般的なのが噛みつくための大顎である。大顎以外にも額腺と呼ばれる頭部にある外分泌腺を発達させ、頭部前方から敵（捕食者）に向かってテルペンと呼ばれる炭化水素からなる忌避

物質を噴射するもの、あるいは頭部の形態が巣穴を塞ぐ栓のような形をしているものなどが知られている。われわれの研究対象であるオオシロアリは比較的祖先的な形質を有しているため、ソルジャーは他のカーストにはない形態をもつわけではないが、巨大かつ黒色をした頭部と大顎をもつため、他のカーストとの形態の違いは歴然である。

　ソルジャーは、擬職蟻からプレソルジャーを経て分化するが、もっとも大きな形態的改変は擬職蟻からプレソルジャーの脱皮時に起きる。この脱皮を介して大まかなソルジャーの形態がつくられ、プレソルジャーからソルジャーへの脱皮で兵隊形態の細部が「ファイン・チューニング」されるといった感じである。オオシロアリの場合、プレソルジャーの脱皮が近づくと擬職蟻は脂肪組織が増大すると同時に、ガットパージ（**Zoom Lens** ガットパージ：脱皮・変態の仕組み）と呼ばれる脱皮前の腸内容物の排出が起こるため、体全体が白っぽくなる（Cornette et al. 2007）[10]。幼若ホルモン類似体を投与した場合、この変化は約 2 週間後に起こる。

Zoom Lens ｜ ガットパージ：脱皮・変態の仕組み

　昆虫は脱皮を行うことで成長する。脱皮は、脳から分泌される前胸腺刺激ホルモン、前胸腺からの脱皮ホルモン（エクダイソン）、そしてアラタ体からの幼若ホルモンという三つのホルモンの調節を経て実行される（園部・長澤 2011）[9]。脱皮といっても、幼虫脱皮、成虫脱皮、そして完全変態昆虫の行う変態（蛹脱皮）とさまざまであり、それぞれ異なるホルモン調節により、生じる生理学的なイベントも異なってくる。しかし、いずれの脱皮においても、昆虫の形態を支持する外骨格を構成するクチクラを脱いで新しいものと交換する必要があり、これこそが「脱皮」といわれる所以である。クチクラは上皮細胞が分泌したキチン質とタンパク質が硬化してできたものであり、クチクラ層と上皮細胞層は通常接している。しかし脱皮が近づくとこの 2 層の間が分離し、その隙間にゲル状の物質が新たに上皮細胞から分泌される。この過程をアポリシス apolysis といい、脱皮の初期に生じる現象である。ゲル状の物質は脱皮液 molting fluid へと変化し、さらにキチン質とタンパク質が上皮細胞から分泌され、

古いクチクラは脱皮液中の酵素の働きにより分解される。その後、クチクラ上にある脱皮線 ecdysial line が裂けて脱皮が行われる。脱皮は外側のクチクラ層だけで行われるわけではない。昆虫の消化管や気管の内壁も薄いクチクラで覆われており、これらも脱皮時に更新する必要がある。そのため、脱皮前になると摂食を停止し、腸内容物をすべて肛門から排出するという生理学上のイベントが起こる。これをガットパージ gut purge という。完全変態昆虫の前蛹期には体制も大きく変わるため、ガットパージも顕著に観察される。シロアリでも脱皮前にはガットパージが起こるため、脱皮直前の個体は体が白っぽくみえることになる。

　ガットパージが起きる頃には、シロアリ体内で発生学的に大きな変化が引き起こされる。脂肪体の蓄積だけでなく、上皮細胞が増殖し、体表のクチクラの下には新たなクチクラが合成される。この過程は、脱皮を介して形態が大きく変化する部位でよりダイナミックに起こる。つまりシロアリの兵隊分化の場合、武器形質である大顎などで顕著な形態形成を観察することができる。

　ガットパージを起こし、プレソルジャーへの脱皮が数日以内に迫ったオオシロアリの擬職蟻の大顎は、アポリシスを起こしているため、古い擬職蟻のクチクラを容易に剥くことができる。古いクチクラの中にはすでにプレソルジャーのクチクラが形成されているため、これを走査電子顕微鏡で観察すると、皺（しわ）が複雑に入り組んだ大顎を観察することができる（図5.2）。擬職蟻から擬職蟻への静止脱皮（兵隊分化の研究ではこの静止脱皮をプレソルジャーへの脱皮の対照〔コントロール〕とすることが多い）の場合には、入り組んだ皺構造は大顎表面にはみられず、比較的滑らかな表面をもつ大顎が古いクチクラの下に形成される。この構造を組織切片を作成して観察すると、クチクラと上皮細胞の2層の構造が複雑に折りたたまれていることがわかる（Koshikawa et al. 2003）[11]。形態計測の結果から、体の前方側（頭部側）がより増大・伸長されることがわかっており、大顎においてもより先端側が伸長していることが、内歯（大顎の内側のギザギザ）間の距離を測定することから明らかとなっている（Koshikawa et al. 2002）[12]。脱皮直前に観察される皺構造は、プレソルジャーへの脱皮の際にヘモリンフ（昆虫の血液）が充填されることで膨らみ、一気に形態改変が起こる。

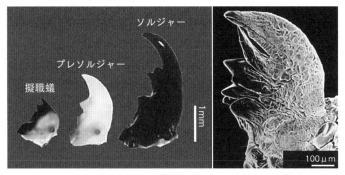

図 5.2　兵隊分化の際の大顎伸長とクチクラの皺構造

この様式は、完全変態昆虫の蛹化や昆虫全般にみられる羽化の過程と非常によく似ており、プレソルジャーがちょうど、蛹のステージのような役割をするということができる。

5.6　前兵隊ステージにおける頭部の成長

　われわれはオオシロアリの兵隊分化を研究するなかで、「なぜプレソルジャーは真っ白な、そして柔らかいクチクラをもつか」長く疑問であった。プレソルジャーはソルジャーになるための予備期間のようなもので、採餌や防衛には参加せず、幼虫同様に巣の中でじっとして餌も他個体との栄養交換に依存する。そのため、体表が色素沈着と硬化する必要がないと考えられる。また、われわれは以前から、「軟らかいクチクラをもつ前兵隊ステージの間に、脱皮を介さずとも頭部や体全体のサイズが増大しているのではないか」と考えていた。ヒントとなったのはカブトムシやチョウの幼虫のような、完全変態昆虫の幼虫である。これらの幼虫のクチクラは弾力があり軟らかく、脱皮せずとも伸長することが可能で、そのため、幼虫期に莫大な量の餌を食べることにより、飛躍的な成長をとげているのである。これらのことを手がかりに、最近になって大学院生のひとりがこの謎に取り組み、解答を出すことに成功した。

　まず試みたのが、実際に前兵隊ステージの間に大顎や頭部が伸長しているかを定量的に示すことである。結果からは、大顎はそれほど伸長はしないが、頭

部は1～2週間かけて有意に伸長することがみえてきた。さらに微細な形態や組織を詳細に観察すると、頭部の前額部 frons と呼ばれる部位に皺構造ができており、それがプレソルジャーの期間に徐々に引き延ばされることで頭部の伸長が実現されているということが明らかとなった（Sugime et al. 2015）[13]。こうした伸長は、ソルジャーの形態をつくるうえでは補助的なものではあるが、立派な形態をもち防衛に役立つソルジャーを完成させるという意味で、プレソルジャーのステージというのは非常に重要な期間なのである。プレソルジャーからソルジャーになるまでにはまだまだ未知の発生機構がありそうなので、今後も研究の進展が期待される。

5.7　テングシロアリ兵隊の額腺突起原基

　オオシロアリの兵隊分化の場合には、ソルジャーへと分化する擬職蟻の大顎が伸長する。すなわち分化によって、それまで存在しなかった新たな部位がつくられるというわけではなく、すでに存在する部位の大きさが相対的に成長するという形態変化（アロメトリーの変化）である（第2章）。しかし他種のシロアリのなかには、ソルジャーになるときにそれまでになかった構造が新たに創出されるというケースもある。もっとも典型的な例が、テングシロアリ亜科のほとんどの種において、ソルジャーの頭部に形成される「額腺突起」と呼ばれる構造である。額腺は外分泌腺のひとつであり、種によっては、突出構造がなく前頭部に穴があいているだけの場合もある（とくにミゾガシラシロアリ科の種）。額腺の「突起構造」は frontal projection あるいは nasus と呼ばれる。nasus とは「鼻」を意味するが、テングシロアリ属 *Nasutitermes* では、天狗の鼻のような構造が前頭部から突き出している。このようなソルジャーでは、逆に大顎は、ワーカーの大顎よりも退縮している（Toga et al. 2013）[14]。やはりプレソルジャーを経てソルジャーになるのであるが、プレソルジャーの時には額腺突起の構造がワーカーの頭部クチクラ下に形成されており、ワーカーからプレソルジャーへの脱皮時に大きな形態改変が起こる。

　私は大学院生の頃、コウグンシロアリのカースト分化の経路を研究していた時期があった（第4章）。現地で採集、固定した個体を研究室で詳細に観察する

図 5.3　コウグンシロアリの額腺突起原基
(Miura and Matsumoto：Pro R Soc Lond B 267：1185-1189, 2000［15］より)

過程で、ワーカーからプレソルジャーの際の形態改変の瞬間で固定されている個体を発見した。これらの解剖所見や組織切片の観察などから、プレソルジャーへの脱皮を間近に控えたワーカー個体（オスの小ワーカーがプレソルジャーになる）の前頭部のクチクラ下に、同心円状に上皮組織とクチクラが折りたたまれた構造が形成されることが明らかとなった（Miura and Matsumoto 2000）［15］。この構造はちょうど提灯をたたんだような形で、プレソルジャーへの脱皮時に気門から空気が入ることで体液であるヘモリンフの内圧が上昇し、その膨圧によって額腺突起が伸長する（図5.3）。プレソルジャーの時点では腺細胞は完全には発達していないため忌避物質を噴射することはできない。最終的にソルジャーへの脱皮を経て、成熟してはじめて忌避物質を噴射できるようになる。

　話は戻るが、脱皮前に確認される同心円状に上皮が折りたたまれた構造は、完全変態昆虫の幼虫期に体内で形成され変態（蛹化）時に大きく発達する成虫原基 imaginal disc に酷似していることから、兵隊額腺突起原基 soldier-nasus disc と呼ぶようになった（Miura and Matsumoto 2000）［15］。構造的な類似だけでなく、ダイナミックな形態改変の際に形成されるという発生学的な意味においても共通点を多く見出すことができる。逆にいえば、完全変態もシロアリの兵隊分化も、昆虫が共通してもつ脱皮・変態の機構をうまく使って短時間に大規模な形態改変を実現させているのである。

5.8 幼若ホルモンによる制御

　さて、兵隊分化はこれまで述べたような発生学的なイベントを経て起こるわけだが、そのような大規模な形態改変が生じるためには、それに先立って当該個体において生理学上の変化が生じる必要がある。具体的には、ホルモン（内分泌因子）をはじめとする生理活性物質の体内濃度（あるいは脳などの特定の部位における濃度）が上昇あるいは下降することによってカースト分化が引き起こされる。先に述べた幼若ホルモン類似体の投与による兵隊分化の誘導はこの機構を逆手に取って利用したものといえる。

　節足動物である昆虫において生理発生学的な特徴の最たるものに「脱皮による成長」があげられる。これを可能にしている生理機構すなわち脱皮や変態の制御機構は古くから研究が蓄積されており、内分泌因子である脱皮ホルモン（エクダイソン）と幼若ホルモン（JH）が、もっとも有名であると同時に、きわめて重要で多様な役割をになう。とくに幼若ホルモンは、表現型可塑性や表現型多型のいろいろな局面で、環境条件を生理状態へと変換する重要なメディエーターとして機能しており、実にさまざまな例が報告されている。表現型多型における幼若ホルモンの重要な役割としてよく知られるのは、糞虫などにおいて幼虫期の栄養条件によりオスの角のサイズに多型が出る場合である。この場合、幼虫が摂取する餌の量と質に応じて体内の幼若ホルモン濃度が変化することが知られており、幼若ホルモン濃度の閾値により角サイズが決定されることが示唆されている（Emlen and Nijhout 2001）[16]。

　幼若ホルモンは、昆虫の脳の後端に接続する神経分泌器官であるアラタ体 corpora allata から分泌されている。解剖学的には、脳から側心体 corpora cardiaca を経て、アラタ体へと神経細胞が接続している（図5.4）。アラタ体は内分泌細胞からなる細胞塊であり、ここで積極的に幼若ホルモンの合成が行われている。幼若ホルモンの分子は炭素数15からなるセスキテルペンの一種を前駆体としており、さまざまな合成酵素が関与して最終的にメチル基の転移とエポキシ化が起こることによって成熟した幼若ホルモン分子となる。この合成過程は主にアラタ体で起こるため、これらの合成酵素の遺伝子発現をみればアラタ体で幼若ホルモンの合成が起こっていることがわかり、カイコなどで詳し

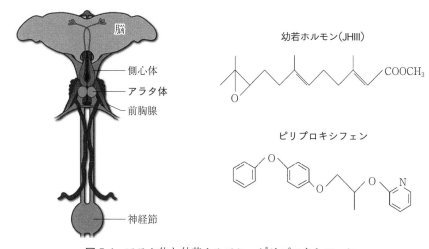

図 5.4　アラタ体と幼若ホルモン、ピリプロキシフェン

く研究されている（Shinoda and Itoyama 2003）[17]。

　シロアリのカースト分化において、幼若ホルモンがきわめて重要な役割をしていることはかなり古くから知られている。もっとも古典的な研究は Lüscher (1958) [18] によるもので、ゴキブリから摘出した活性のある（幼若ホルモンを積極的に合成している）アラタ体を、レイビシロアリ科の一種である *Kalotermes flavicollis* の擬職蟻に移植する実験を行っている。この実験では、移植された擬職蟻のほとんどがプレソルジャーを経てソルジャーへと分化することが示されている。また、その一方で脱皮直前の擬職蟻の首を結紮すると幼若ホルモンの体内への拡散が妨げられるため、繁殖虫（補充生殖虫）へと分化することも示された。これらの操作実験より、ソルジャーへの分化には高い濃度の幼若ホルモンが必要であること、逆に繁殖虫へ分化するには幼若ホルモンを低濃度に抑えておく必要があることが示唆された。

　これらの実験的な知見に基づき、擬職蟻の脱皮と脱皮の間の期間 intermolt period にどのように幼若ホルモン濃度が変動するかによって各カーストへの分化運命が決定されるという仮説が提唱された（Nijhout and Wheeler 1982）[19]。そのモデルによると、幼若ホルモンが高濃度で保たれるとソルジャーへ、低濃度で保たれれば有翅虫へと分化し、高濃度から低濃度へと変遷した場合は静止

脱皮を行う。逆に低濃度から高濃度へと変化した場合には補充生殖虫への分化が誘導される。このモデルは移植実験や類似体投与実験の結果に基づいており、実際にシロアリ体内の幼若ホルモン濃度を測定したものではなかった。

幼若ホルモンは体内に微量に存在し、その量も昆虫種によってさまざまであるため、濃度測定は容易なことではなかった。これまでは放射性同位元素と抗体を利用したラジオイムノアッセイが主流であった。この方法は内分泌学において画期的な方法であったが放射性同位元素を用いるため、近年では酵素反応による発色を利用したELISA法などが用いられるようになってきている。また、分析機器と測定方法の進歩により、最近ではLC-MS（液体クロマトグラフィ質量分析計）を用いた方法が主流となっている。この方法はわれわれの研究室でもよく用いており、シロアリ数個体の体液を集めれば、体内の幼若ホルモンの濃度を測定することができる。放射性同位元素や抗体を用いないため、測定機器さえあれば比較的簡便に体液中の濃度を測定できるので、画期的な方法ということができるだろう。

われわれはオオシロアリにこの方法を適用することで、擬職蟻の期間における幼若ホルモン濃度の変動パターンと将来のカースト運命の関係を明らかにすることに成功した（Cornette et al. 2008）[20]。結果は従来考えられてきた幼若ホルモンの変動パターンとカースト運命に関する仮説（Nijhout and Wheeler 1982）[19] をほぼ裏づけることとなった（図5.5）。すなわち、擬職蟻の間に一貫して高い濃度が保たれるとソルジャーへと分化し、逆に低い濃度が保たれれば有翅虫系列に分化することがわかった。さらに、この期間に低い濃度から高い濃度へと変遷すれば静止脱皮（擬職蟻から擬職蟻へ）することが明らかとなった。また有翅虫に分化するまでは雌雄ともに低い幼若ホルモン濃度が保たれるが、有翅虫へと分化して結婚飛行を行い、新たな巣の創設を行って繁殖を開始する頃には、卵巣発達をするメスでは幼若ホルモン濃度が高くなることが示された。昆虫では一般的に幼若ホルモンは卵巣発達を促進すると考えられており、従来の知見と合致する結果となった。

われわれの研究グループ以外にも他種シロアリを用いてカースト分化と幼若ホルモンの関係を研究しているグループがいくつかある。アメリカのシャーフ（M. E. Scharf）らのグループでは、ヤマトシロアリに近縁な *Reticulitermes*

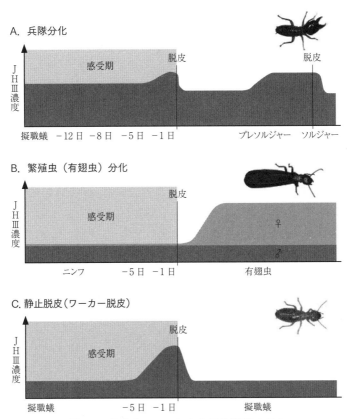

図5.5 幼若ホルモンによる分化制御モデル

flavipes において JH 結合タンパクであるヘキサメリンがカースト分化制御、とくに兵隊分化に大きくかかわることを見出している（Scharf et al. 2007）[21]。このタンパク分子は幼若ホルモンと結合することで、活性のある幼若ホルモンの体液中の濃度を事実上、下げる働きをする（これを sequestration という）ため、このタンパクの発現が下がると幼若ホルモン濃度が上昇するため兵隊分化が促進され、発現が上昇すると抑制されることになる。おそらくは個体間相互作用のようなさまざまな環境条件が、このような分子の発現に影響することで、各個体の幼若ホルモン濃度の調節を介してカースト分化が促進または抑制されることになると考えられる。

5.9 インスリン経路とカースト分化

　シロアリのカースト分化における幼若ホルモンの役割は、研究の歴史も長く、さまざまなことが明らかになってきている。しかし、昆虫の生理状態を制御する因子は幼若ホルモンだけではない。近年になって、モデル生物であるショウジョウバエやカイコ、タバコスズメガなどで、他の生理活性因子（ここで述べるインスリンや、脱皮ホルモンであるエクダイソンなど）の発生における役割が明らかにされはじめており、われわれのシロアリ研究にも大きく貢献している。

　インスリン（インシュリン）は、われわれヒトにおいても重要なホルモンのひとつであることは多くの人の知るところである。ヒトをはじめとする哺乳類の場合は、膵臓のランゲルハンス島から分泌され、血糖値や代謝を制御する。実はこのホルモンは哺乳類や脊椎動物のみにみられるホルモンというわけではなく、昆虫でもインスリンが内分泌因子つまりホルモンとして重要な役割を果たすことが最近明らかにされつつある。とくに、アロメトリーの変化や表現型可塑性の調節に、インスリン経路がかかわるという知見が蓄積されつつある。昆虫の場合、インスリンは脳内のある神経分泌細胞から主に分泌されることが知られている（Wu and Brown 2006）[22]。昆虫では、脊椎動物のインスリン分子と異なる特徴もみられるため、インスリン様タンパク insulin-like peptide と呼ばれることが多い。

　最近の研究では、このインスリン経路が発生途上の細胞増殖速度を制御することによって、体全体のサイズ・器官や部位の相対サイズの決定にかかわることが明らかにされている（Brogiolo et al. 2001 [23], Singleton et al. 2005 [24]）。さらに、糞虫（エンマコガネ属 *Onthophagus*）のオスでは幼虫時の栄養状態により武器形質である角に二型が生じることが知られており、インスリン経路はこの糞虫の表現型多型において栄養条件と発生過程をつなぐ重要な生理過程であることが示されている（Emlen et al. 2006）[25]。これらの知見をもとに、われわれはシロアリのカースト分化経路においてもインスリン経路が、外的環境を受けて生理状態が変化することに何らかの関与を示すのではないかと予測した。

　そこで、大学院生のひとりが主としてこの実験を担当することとなり、まずはインスリン経路にかかわる遺伝子の同定と単離（遺伝子クローニング）を行い、

得られた遺伝子配列をもとに兵隊分化過程における遺伝子の発現動態を、リアルタイム定量 PCR という手法を用いて分析した。その結果、インスリン受容体遺伝子の他、調べた複数のインスリン関連遺伝子が擬職蟻からプレソルジャーへの脱皮に先駆けて発現上昇することが示された（Hattori et al. 2013）[26]。さらに RNA 干渉法によりインスリン受容体の遺伝子発現を抑制すると、プレソルジャーへの分化で巨大化する頭部や大顎の成長が阻害され、実際にインスリン経路が兵隊分化における形態改変に寄与することが示された。インスリン経路の機能を阻害された場合、プレソルジャーの大顎はとくに先端部分の伸長が阻害されたような形態となる。これらの結果から、幼若ホルモンのみならずインスリンも兵隊カースト分化、とくに形態形成に関与していることが示された。

この他にも昆虫における生理活性因子はさまざまに知られるので、それらのカースト分化への寄与について吟味することで、生理状態の改変から導かれる形態や行動の改変機構の全貌が明らかになっていくことが期待されている。

5.10　ツールキット遺伝子

カースト分化の過程ではボディプラン（体制、体のつくり）が多少なりとも改変されるため、進化発生学的見地に立てば当然、ボディプランにかかわるパターン形成因子の関与が考えられてしかるべきである。では、パターン形成因子とは何だろうか。最近では、ツールキット遺伝子や形態形成因子などさまざまな名称で呼ばれている遺伝子群で、もっとも有名なもののひとつが Hox 遺伝子群だろう（**Zoom Lens** ツールキット遺伝子）。Hox 遺伝子はほとんどすべての動物群において初期発生の時期を中心に発現する遺伝子群で、体節のアイデンティティ、すなわちどの体節がどの部位になるのか（胸部になって脚を生やすとか）を決定する（第 2 章）。ショウジョウバエなどで詳細な発現パターンが知られており、さらに上流の遺伝子によるパターン形成（頭尾軸の決定や体節の区分など）に従って発現が誘導される。また、昆虫の脚一本をみても、基部から先端にかけて、「基節」「転節」「腿節」「脛節」「ふ節」とパターンが決まっている。これらの構造も付属肢で発現する、いくつかの遺伝子発現のパターンで決定され

る。

> **Zoom Lens** | ツールキット遺伝子
>
> 　ツールキット遺伝子群には、分子機能の点から大きく二つに分類されている。まずひとつ目の大きなグループは「転写因子 transcription factor」と呼ばれるタンパク質をコードする遺伝子で、このタンパク質は DNA の特定の部位に結合して他の遺伝子の発現を調節（促進または抑制）する。この場合、発現した転写因子はその細胞の中の核内に侵入して DNA に結合するため、細胞外に出ることはない。しかし発生過程というのは一つの細胞のみで完結するものではなく、他の細胞との複雑な相互作用によって、細胞分化や形態形成などが生じる。その意味で、転写因子とは異なる重要なツールキット遺伝子が二つ目のグループである。それらは「シグナル伝達因子」と呼ばれるタンパク質で、細胞外へと分泌され近隣の細胞の表面に存在する受容体と結合することで生理活性を発揮する。ホルモン（内分泌因子）とは異なり、発現している細胞の近傍にしか届かないことが重要であり、そのため、傍分泌因子ともいわれている。

　すでに述べているように、シロアリのカースト分化においても、有翅虫系列では付属肢のひとつである翅が大きく発達するし、兵隊分化の過程では、これもまた付属肢である大顎が大きく発達する。このほか、甲虫類の角などでもツールキット遺伝子（転写因子）のひとつである *Distalless* が発現することが報告されている。となると、角のような構造である、テングシロアリ亜科の兵隊額腺突起の形成にもこれらの遺伝子が働いているのではないかという想像が膨らむ。実際にテングシロアリの一種であるタカサゴシロアリにおいて、共同研究者の前川清人氏らのグループが発現・機能解析を行っており、額腺突起形成時に *Distalless* が発現し貢献していることが示されている（Toga et al. 2012）[27]。さらにタカサゴシロアリのソルジャーでは逆に大顎が退縮するが、この部位では大顎のアイデンティティを決めるとされる *Deformed* という Hox 遺伝子が関与することも示されている（Toga et al. 2013）[14]。

　われわれが材料としているオオシロアリの兵隊分化においても、Hox 遺伝

子や付属肢で発現するであろうツールキット遺伝子の発現動態が調べられている（杉目ほか 未発表）。兵隊分化で肥大・伸長する大顎は付属肢のひとつであるが、他の付属肢と比べると一つの関節のみからなる特殊な形態をしている。これは、進化的に付属肢の先端部を欠いたからだと考えられており、付属肢の先端で発現する Distalless のような遺伝子は通常発現しない部位である。すると、兵隊分化の伸長の過程ではどのようなツールキット遺伝子が位置情報を与えることで伸長現象が起こっているのか非常に興味深いところである。目下解析が行われているが、dachshund というツールキット遺伝子が大顎伸長に関与することが示されつつある。

5.11　個体間相互作用によるカースト分化制御

　前節まで、カースト分化の過程において、シロアリ個体の体内でどのように生理状態が改変され、ひいては発生プログラムの改変が起こるのかや、それらの過程でかかわる遺伝子の作用などについて解説してきた。社会性昆虫のカースト分化も「表現型可塑性」のひとつであり、環境要因、とくに個体間の相互作用によりこれらの生理現象が生じる。では、どのような個体間相互作用がカースト分化を導くのだろうか。それらを解明するためには「個体レベル」より上位のレベルでの調査・分析が必要となる。現時点でもまだ未知な部分が多いが、これまでに明らかになってきたことについていくつか紹介したい。

　シロアリのカースト分化に影響を与える外的要因には、大きく分けて二つあると考えられる。まず第一に温度や湿度などの物理的な環境で、カースト分化に季節性が関係する場合などはこれらの要因が影響している。四季や雨季乾季がある地域では、初夏あるいは雨季のはじめ頃に一斉に有翅虫（繁殖虫）が出現して結婚飛行を行うのは、温度や湿度などの条件によるものと考えられる。もうひとつが社会的要因と呼ばれるもので、個体間の相互作用がカースト分化に影響を与える場合である。コロニー内のカーストの比率が極端に一部のカーストに偏ってしまうとコロニー全体の維持や繁殖に影響すると考えられる。簡単な例では、コロニー内の個体がすべて不妊のソルジャーになってしまっては、もうそこのコロニーは子孫を残すこともできなければ採餌もできず、存続する

ことはできない。

　コロニー内の他個体がカースト分化に影響を与えるであろうことは古くから考えられており、実験的な証拠もいくつか示されてきている。たとえばレイビシロアリ科の一種 *Kalotermes flavicollis* では、ニンフの繁殖虫への分化が王や女王によって抑制されたり、ソルジャーが他個体の兵隊分化を抑制することが報告されている（Lüscher 1952 [28], 1961 [29]）。その他にもいくつかのシロアリ種での報告がある。総じて、ある特定のカーストの比率が上昇しすぎてしまわないように、同じカーストを抑制する効果があり、逆に他のカーストに対しては、たとえば繁殖虫は兵隊分化を、ソルジャーは繁殖虫分化を促進する効果があるようである。

　では、これらの個体間相互作用はどのような機構により行われているのだろうか。これに関しては古くから多くの研究者が興味をもっているところであるが、いまだその全貌は解明されておらず、ようやく最近になって少しずつ知見が蓄積されてきている（Watanabe et al. 2014）[30]。個体間相互作用が成立するためには、他個体を認識する必要がある。さらに、カースト分化を制御するためには、その他個体がどのカーストかを識別する必要がある。コロニー内に十分な数のソルジャーの存在を認識してはじめて、兵隊分化の抑制が成立するというわけである。認識の手段としてまず考えられるのが、におい物質、すなわちフェロモンである。他にも視覚や振動、接触なども考えられるが、シロアリの場合は暗闇の中で生活し、眼も発達していない。振動・接触なども影響があるとは考えられるが、やはりもっとも可能性があるのは化学物質による認識、すなわちフェロモンによる認識なのではないだろうか。

　そもそも「フェロモン」という語句自体、シロアリ研究者によって繁殖虫の分化抑制を行う仮想の物質に対して、名づけられたものである（Karlson and Lüscher 1959）[31]。フェロモンの定義は、同種の他個体に対して何らかの影響を及ぼす物質の総称である。そしてフェロモンは機能のうえから大きく二つのカテゴリーに分けられる（55頁の **Zoom Lens** フェロモン参照）。他個体の生理状態を変化させる「プライマー・フェロモン」と、他個体の行動に影響を及ぼす「リリーサー・フェロモン」である。リリーサー・フェロモンは、餌場の場所を知らせるのに役立つ道しるべフェロモンや、外敵の襲来を知らせる警告フ

ェロモンがその代表であり、カースト分化を制御するフェロモンはまさにプライマー・フェロモンの代表なのである。

　カースト分化制御フェロモンについて研究が進んでいるのが、繁殖虫およびソルジャーの分化制御に関するものである。最近ではヤマトシロアリにおいて2種類の揮発性物質が、補充生殖虫が分泌する女王物質（繁殖抑制フェロモン）として報告されている（Matsuura et al. 2010）[32]。一方で、同属の別種からは、テルペン系の化学物質が兵隊分化を制御するフェロモンとして同定されている（Tarver et al. 2009）[33]。以前から、上記とは別の属において、ソルジャーの分泌する忌避物質が兵隊分化を抑制するフェロモンであるという実験的な証拠は示されていることからも、兵隊分化抑制フェロモンと忌避物質は関連が深いものと考えられる。しかし、われわれが対象としているような原始的な形質をもつオオシロアリなどでは、ソルジャーに忌避物質を分泌する外分泌腺は同定されていない。すべてのシロアリの系統は兵隊カーストが存在するため、どの種においても何らかのカースト比の制御機構があることは確実なので、未知の機構あるいは物質が発見されることが期待される。

　また、ヤマトシロアリでは、同コロニーに多数のソルジャーが存在すると、共存するワーカー個体の幼若ホルモンが低濃度に保たれることによって兵隊分化が抑制されることも知られている（Watanabe et al. 2011）[34]。現在ではこの実験系を用いて、ソルジャーの存在によりワーカー個体で発現が上昇あるいは低下する遺伝子を、次世代シーケンサーを用いた網羅的な手法を用いることで同定しようと試みており、結果が期待されている。

　上記のような個体レベル以上の関係性までも含めた生理学は「社会生理学 social physiology」と呼ばれ、ミツバチをはじめとする社会性膜翅目で研究されていたが（Seeley 1995 [35]、Johnson and Lynksvayer 2010 [36]）、最近ではシロアリにおける社会生理学的知見が急速に蓄積されつつある（Watanabe et al. 2014）[30]。

5.12　ソシオゲノミクス・分子社会生物学とは

　われわれが行っているシロアリのカースト分化研究をはじめとして、社会性

昆虫に関する現象の解明に分子生物学やゲノミクスの技術を適用した研究が行われていることは、すでにいくつか紹介してきた。このような分子やゲノムの情報や技術の適用は、この20年ぐらいの間に大きく進展した。ここでは、「ソシオゲノミクス sociogenomics」といわれる分野についての研究の進展状況と展望について解説してみよう。

　どのような動物も、他個体と何らかの相互作用の中で生活を営んでおり、その意味ではどの動物も多少なりとも社会性をもつともいうことができる。これまでに紹介してきたように、一部の昆虫は真社会性昆虫とされ、自らの繁殖を諦めた不妊のカーストが存在し、利他的に振る舞うなど、究極的なものもみられる。このような動物の社会が構築されるための分子メカニズムを理解しようと、近年になってさまざまな研究が行われてきている。1999年にロビンソン（G. Robinson）が提唱した sociogenomics という言葉は、分子生物学 molecular biology とゲノム科学 genomics の発展を最大限活かし、動物の社会生活を分子の言葉で理解することを最終目標としているものである（Rosinson 1999）[37]。動物の社会生活を分子の言葉で理解するということは、具体的には、社会性に影響を与える発生・生理・行動にはどのような遺伝子が関与しているかを解析することであり、また逆に、社会生活や社会進化が遺伝子にいかなる影響を与えたかを知ることである。分子生物学的手法を実験動物以外にも適用できるようになり、多くの生物でのゲノム解析が行われるようになった21世紀こそが、ソシオゲノミクスあるいは分子社会生物学を発展させる好機にきているということができる。

　ソシオゲノミクスあるいは分子社会生物学では、至近的なメカニズムを解明することにより、祖先的な単純な行動から高度な社会行動への進化過程を理解することを目的としているといえる。最近では、バクテリアから脊椎動物に至るまで、動物の社会行動に影響を与える遺伝子がさまざまに同定されている（Rosinson et al. 2005）[38]。では、ソシオゲノミクスあるいは分子社会生物学ではどのような研究がされているのだろうか。

5.13 社会性にかかわる遺伝子の発現

先にも述べたように、たとえ単独性の動物であっても、社会性の動物であっても、採餌・営巣・交尾・親による子の世話など、生存と繁殖のためにさまざまな活動を行っている。単独性の動物と比べ、社会性の動物においては他個体（とくに血縁個体）と協働・協調を行うことが重要であり、個体間のコミュニケーションに基づく順位制や分業などの「個体間相互作用の構造」が生まれる。これこそがいわゆる「社会性」ということができる。それらの社会的な行動と関連して、どのような遺伝子の発現が必要となってくるのだろうか。これまで、とくに神経系での発現がいくつかの分類群で詳細に調べられている。

たとえば、ミツバチのワーカー（働きバチ）の採餌行動には、cGMP 依存性タンパク質リン酸化酵素の脳内での発現が必要であることが明らかとなっている（Ben-Shahar et al. 2002）[39]。この遺伝子は「採餌」という意味の *foraging* という名前がついており、採餌を行う働きバチの脳で発現が上昇し、巣内で育児を担当する働きバチでは発現が抑えられている。この遺伝子は動物全般に存在するもので、ショウジョウバエの幼虫や線虫においても、採餌に関連する行動に関与することが示されている（Sokolowski 2001 [40], Fujiwara et al. 2002 [41]）。

社会性昆虫以外でも、社会行動やコミュニケーションにかかわる遺伝子発現制御が研究されている。たとえば、鳥類ではオスがさえずりにより交配相手であるメスを誘引する。歌によるコミュニケーションを司る脳内の領域がすでにわかっているが（Carew 2000）[42]、歌認識に特殊化した脳領域では *FOXP2*（forkhead box P2）という遺伝子が高発現することがわかっている（Haesler et al. 2004 [43], Teramitsu et al. 2004 [44]）。面白いことに、この遺伝子はヒトにおいても会話の制御にかかわることが知られている（Liegeois et al. 1999 [45], Mello et al. 1992 [46]）。

5.14 親子関係の分子基盤

また、社会性においては親子関係ももっとも重要な要素のひとつである。ラット *Rattus norvegiu* などの研究では、緊密な親子関係がストレス耐性を上昇

させたり、その子が親になったときの保育行動に影響を与えることが示されている。具体的な分子機構としては、親との摂食により子の脳の海馬におけるグルココルチコイド受容体遺伝子の発現が増強され、この受容体の密度が高まることでストレスホルモンへの制御能が上昇する（Meaney 2001）[47]。親のケアが少ない子は、この受容体の数が減り、ストレスホルモンが上昇してしまう。このことにより、恐怖心が増大し、親になったとき自分の子に対してもケアをしなくなると考えられている。母性効果による同様の現象はアカゲザル *Macaca mulatta* においてもみられ、母性効果の強さはセロトニン・トランスポーター（5-HTT）の遺伝子型と相関するという報告がある（Suomi 2004）[48]。この場合にはエピジェネティックな制御があるかどうかはわかっていないが、ヒトにおいても、環境と *5-HTT* 遺伝子との相互作用に相関があることが示されている（Caspi et al. 2003 [49], Hariri et al. 2002 [50]）。子ども（幼体）の時に受けた親による保育などの環境条件によって、行動傾向などがエピジェネティックに変化する機構は、環境条件を克服できる子を残すという適応的な意義があるのではないかと考えられている（Robinson et al. 2005）[38]。

5.15　順位行動にかかわる生理機構

また、集団で生活する生物では社会的地位（順位）にかかわる分子機構がいくつか解明されている。シクリッド類における優位個体のオスは明るい体色を有し、攻撃的で縄張りをもつことで繁殖成功度を上げている。これら優位なオス個体は、劣位オスに比べるとテストステロンの体内濃度が高い。この現象の根底には、視床下部ニューロンが巨大化することで大量の性腺刺激ホルモン放出ホルモン（GnRH）が分泌されるという機構が存在することが知られている（White et al. 2002 [51], Hofmann et al. 1999 [52]）。一般的に GnRH は、脊椎動物における性的成熟を行動学的・生理学的に制御していることが知られる。

一方、節足動物であるザリガニ *Procambarus clarkii* においても、順位行動の分子基盤が詳しく研究されている（Huber et al. 1997 [53], Yeh et al. 1996 [54]）。ザリガニの場合には、威嚇行動で勝敗が決まり、これにより順位が決定する。この行動には「勝ち癖」「負け癖」があり、順位行動には特定のニューロンが

興奮することが重要な要因とされている。このニューロンでは、生体アミンのひとつであるセロトニンの受容体のどのタイプが多いかによって、興奮性が上昇または低下するかが決定される。攻撃性へのセロトニンの関与は節足動物と脊椎動物で広く保存されていることがわかっている（Suomi 2004）[48]。

5.16 繁殖的グランドプラン仮説

社会性昆虫の系統において、カースト分化や繁殖分業のメカニズムがどのように獲得されてきたのかについて「繁殖的グランドプラン reproductive ground plan 仮説」というものが提唱されている（Amdam et al. 2004）[55]。社会性昆虫の祖先となる単独性昆虫における繁殖制御機構が社会進化の過程で応用されることで、社会性昆虫における女王とワーカーのような繁殖分業へとつながったとする仮説である。この仮説はミツバチ Apis mellifera の社会性についての研究が基礎となっており、とくに膜翅目における社会性の獲得についてあてはまる。この仮説は、それ以前にウエスト・エバーハード（M.J. West-Eberhard）により提唱されていた「卵巣グランドプラン仮説」をもとに、祖先種の卵巣発達サイクルが社会進化の過程で修飾され、ワーカーカーストが確立したとしている（West-Eberhard 1996）[56]。実際の研究では、ミツバチにおいて卵巣の発達の程度と社会行動の相関が示されており、卵巣発達を制御するホルモンや遺伝子発現（ビテロジェニンやインスリンなど）が社会性の獲得に関与する証拠がいくつも提出されている。

これまで述べてきたように、社会性昆虫のゲノム・分子基盤に関して、多くの知見が蓄積されてきている。マイクロアレイやディファレンシャルディスプレイなどの方法に始まり、近年では次世代シーケンサーが登場するようになり、カースト分化にかかわる遺伝子の同定がさまざまにされるようになった。これらの結果を総合すると、社会性やカースト分化を決定づける新規の遺伝子が獲得され、それらがマスターコントロール遺伝子としての働きを行うというよりは、単独性の昆虫にもすでに存在していた多くの遺伝子の発現が協調して制御されることによりカースト分化や社会的分業が実現されているらしいことがわかりつつある（Robinson et al. 2005）。ほとんどの場合において、社会的相互作

用などの環境要因は、ホルモン濃度などの生理因子を介して発生制御にかかわり、最終的には形態や行動にかかわる遺伝子の発現が変化することで、カースト分化や分業が生じているということができる。今後はさらに詳細な分子機構を網羅的に理解することと、さまざまな系統におけるゲノミクス的研究を集積することで社会性の詳細なメカニズムやその進化過程が白日の下にさらされることになるであろう。

第6章
アブラムシの表現型多型

　これまでは表現型可塑性のなかでも、同じ空間に棲息している血縁個体間の中に多型が生じる「社会性」あるいは「真社会性」について述べてきた。しかし社会性昆虫以外にも、表現型可塑性や表現型多型を示す動物はたくさん存在している。むしろ社会性昆虫のカースト多型は、多型間で分業をしたり、ある表現型（モルフ、社会性昆虫の場合はカースト）が他の個体の表現型発現に影響を与えたりする点で、表現型可塑性のなかでは特殊だといえる。

　祖先的な昆虫を除くほとんどの昆虫は有翅昆虫 pterygota というカテゴリーに分類されており、成虫になると飛翔するための翅を二対もっている。ハエなどの双翅目は一対であり、無翅の昆虫も少なからず存在するものの、多くの場合は進化の過程で2次的に翅を失ったものだ。飛ぶためには翅が必要だが、翅だけでは飛ぶことはできず、羽ばたいて体を浮かせるためには、翅を動かす巨大な筋肉、すなわち飛翔筋が必要となる。翅と飛翔筋はかなりのエネルギーコストとなる。そのため、2次的に飛翔を失った分類群や、有翅型・無翅型を切り替える昆虫種が多く存在すると考えられている。

　昆虫は、脱皮という成長機構をもっているため、急激かつ大幅な形態改変がしやすい。おそらくはそれが故に、さまざまな系統で表現型多型を示す種を見つけることができる。しかしそのなかでもっとも特筆すべき表現型多型を示すのがアブラムシの仲間（半翅目アブラムシ上科）だろう。アブラムシ類には、1年の生活史のなかで7種類ものモルフ（型）を出現させる種も存在している。まさに表現型多型の権化のような昆虫なのである。

6.1 北海道のユキムシ

　北国では春の到来は遅く、秋の到来は早い。私の住む北海道では10月の紅葉の季節が終わると一気に寒くなり、10月下旬には雪が降ることもある。ちょうどその頃、雪が降る直前ぐらいになると、「ユキムシ」が大量に飛ぶ。この虫が飛ぶと雪が降るからなのか、雪のように白い綿毛が着いているからなのか、そのように呼ばれている。その年にもよるが、多いときにはあたり一面にこの虫が飛び交い、さながら雪が降るようである。人びとが「ユキムシ」と呼ぶのはトドノネオオワタムシ *Prociphilus oriens* というアブラムシの産性虫だ。この虫たちは腹部背側に分泌した白いワックス成分を着けているため白っぽくみえる。したがって大量に飛んでいると雪が舞うようにみえるし、雪の季節の到来を告げるという意味もあり、この名で親しまれている。この季節に大量の産性虫を飛ばすのはこのアブラムシだけではない。最近、札幌市内でトドノネオオワタムシ以上に大量の産性虫がみられるのが、ケヤキフシアブラムシ *Paracolopha morrisoni* だ。いずれの種も、夏の寄主植物である草本植物（2次寄主）から、冬の寄主植物である樹木（1次寄主）に移り、樹皮下に越冬卵を産卵するために、大群となって飛翔するのである。

　この翅をもった産性虫が卵を産むのかというと、実はそうではない。これらは樹木に着くとオスとメス（産卵虫）を胎生単為生殖によって産出し、それらの雌雄が交尾して越冬卵を産出するのである（本多 2000）[1]。樹皮下で越冬した卵から、春になると幹母（卵から生まれるメスは特別にこう呼ばれる）が孵化する。幹母は多くの子を胎生単為生殖によって産み、これらが有翅虫となりまた2次寄主である草本植物へと移動する。夏場には、ほとんどすべてのアブラムシが胎生単為生殖により指数関数的に増殖する。夏場のアブラムシの増殖力はすさまじく、成長の早い草本植物でないと、これらの虫たちをまかなえないのだろう。温帯地域では、多くのアブラムシが、種間に多少の違いこそあれ、似たような生活環をもっている。ゲノム解読の対象となったモデル実験生物とされる、エンドウヒゲナガアブラムシ *Acyrthosiphon pisum* も同様である（図6.1）。

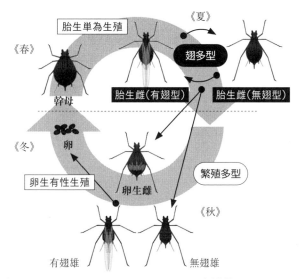

図 6.1　エンドウヒゲナガアブラムシの生活環
多くのアブラムシでは、1 年の間に季節性や生育条件に
応じてさまざまに表現型を変化させる

6.2　翅多型

　これまでわれわれの研究室では、アブラムシの表現型多型の生理発生機構に関してさまざまな研究をしてきた。はじめに取り組んだのが、密度条件に応じて有翅・無翅の多型が生じる「翅多型 wing polyphenism」である（口絵 5）。研究対象としたのは、モデルアブラムシでもあるエンドウヒゲナガアブラムシと、その近縁種であるソラマメヒゲナガアブラムシ *Megoura crassicauda* である。ソラマメヒゲナガアブラムシを利用したのは、われわれが飼育していたソラマメヒゲナガアブラムシのひとつの系統が非常に高い有翅型誘導率を示すため、有翅/無翅の表現型の比較に最適だったからである。この系統は高密度条件にすると高い割合（8 割近く）で有翅の個体を産出する。どの系統でも有翅型を 100% 誘導するのは難しいが、低密度で飼育すれば、無翅型を 100% 誘導することはできる。なので、なるべく高確率で有翅型を産生する種・系統が比較をする研究には向いている。

研究対象である両種はほぼ同じ飼育条件で飼うことができる。ソラマメ Vicia faba の種子を業者から購入し、種子を蒔いて発芽させた「芽だし」を用いれば比較的容易に飼育することができる。アブラムシは胎生単為生殖でどんどん数を増やすので、密度を高密度あるいは低密度に維持するのにはやや気を遣う。なぜなら、高密度の効果は数世代（約3世代）は続くため、一度高密度を体験してしまうとその後低密度にしても有翅型を産出してしまうことがある。そのため、密度のコントロールを行う前には最低3世代は低密度で飼育してやり、高密度の効果が完全に消えた個体からスタートする必要がある。そのうえで、高密度条件で有翅型を、低密度条件で無翅型を誘導するのである。

　最初に、誘導率などを精査し有翅型と無翅型の発生過程を比較する解析の基盤が固まると、その後、有翅型・無翅型が発生する過程でどのように翅が生じたり、消失したりするのか、その組織形態学的な変遷を詳細に観察することとなる。組織切片により詳細に観察してみると、面白いことに、有翅になる個体も無翅になる個体も1齢幼虫のときには翅原基を胸部に有している。翅ができる胸部第2節（中胸）と第3節（後胸）の背側の側面部の上皮細胞が際立って肥厚しているのが、組織切片上で容易に観察できる。これが翅原基である。翅原基は2齢幼虫になる頃には有翅型と無翅型に分化しはじめる（図6.2；Ishikawa et al. 2008 [2]）。2齢では外部形態からはほとんど差がわからないが、内部組織をみると大きな差違が生じてきている。有翅型では翅原基細胞の増殖が始まり上皮細胞が肥厚するのに対し、無翅型では胸部の上皮細胞層はより薄くなっていく。3齢になると有翅型では明確な翅芽が生じる。この頃になると、有翅型では翅原基のみならず、胸部内部の飛翔筋も大きく発達する。4齢になるとより成虫（5齢）に近い形態となり、有翅型は発達した胸部から後方に大きく突出した二対の立派な翅芽を有するようになる。5齢の成虫では翅だけでなく、飛翔・分散という行動に付随したさまざまな形質（たとえば複眼や個眼の形態、胸部のクチクラ、脚の長さなど）に有翅・無翅型間で差違が生じることが見出されている（Ishikawa and Miura 2007 [3]）。

　有翅型は発生途上でかなりのエネルギー投資をして翅と飛翔筋をつくり出し、それらを使って新たな寄主植物へと分散を行う。しかし、分散した先で産子を開始すれば、それら飛翔器官はもう不要となってしまう。そこで有翅型は、飛

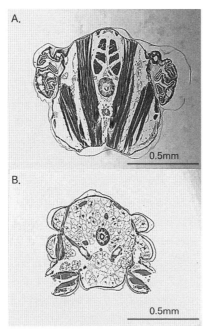

図6.2 翅および飛翔筋の発達の翅型間での比較
4齢期の中胸部横断面。有翅型（A）では、左右の背側体側部に二対の翅原基が発達し、内部には飛翔筋が大きく発達する。無翅型（B）では、翅原基は退縮し、胸部は脂肪体で占められる

翔による分散の後に、飛翔筋をアポトーシス（**Zoom Lens** アポトーシスと形態形成）によって分解することにより、エネルギーを繁殖に回すことが知られている（Kobayashi and Ishikawa 1993）[8]。さすがに外骨格からなる翅までは分解してエネルギーに変換することはできないが、飛ぶための筋肉はかなりの体積を占めるので、それらを消費すればかなり繁殖の効率化が図れると考えられる。実際、有翅型は産子を開始すると腹部が大きく膨らみ、成虫脱皮直後の有翅型の腹部に比べて大分大きくなっている。

　表現型多型を示す生物では通常、分散のための飛翔器官や防御形態などはコストとなるため、それらをもつことによって成長や繁殖に何らかの負の影響が生じることが多い。アブラムシにおいても、有翅型には飛翔するための翅や膨

> **Zoom Lens** | アポトーシスと形態形成
>
> 　生物の発生においては、細胞が分裂および増殖を繰り返すことがもちろん大切なことではあるが、場合によっては細胞が消失する、すなわち細胞が「死ぬ」ことも重要な場合がある。たとえば、脊椎動物（とくに四足動物）の四肢の指は胎児の時点で、ヒトであれば5本に分かれて発生が進んでいく。初期の胚においては、四肢（手足）が生じるときに肢芽 limb bud が形成され、その先端が手や足となる。胎児の時点で指の間には水かきのように上皮組織が膜状につながっているが、これは発生のうえでプログラムされた細胞死によって消失し、分離した個々の指となる。このように発生学的にプログラムされた細胞死を、「プログラム細胞死 programmed cell death」あるいは「アポトーシス apoptosis」と呼ぶ（Gilbert 2013）[4]。アポトーシスは発生上プログラムされたものであり、カスパーゼなどの特定の酵素の働きにより核の DNA が断片化されたり、細胞質にはアポトーシス小体という、アポトーシスを起こした細胞にのみ現れるオルガネラがみられたりと、明確な特徴を示す。これに対して、物理的な損傷や感染などにより、組織が壊死してしまうことは「ネクローシス necrosis」と呼ばれる。表現型多型を示す昆虫類においても、表現型の改変の過程でアポトーシスが用いられることはいくつも報告されている。たとえば、複数のアリの種で、無翅のワーカーが生じる過程で翅芽がアポトーシスにより消失すること（Sameshima et al. 2004 [5], Gotoh et al. 2005 [6]）や、タカサゴシロアリの兵隊分化の過程で大顎が退縮するときにもアポトーシスが用いられることが示されている（Toga et al. 2011）[7]。

大な量の飛翔筋が胸部に存在しているため、その分のしわ寄せがどこかにきていると想定される。無翅型の胸部は有翅型に比べ矮小であり、内部にはわずかに脂肪組織がみられるのみである。われわれは、飛翔器官をもつ有翅型では産子される子虫に何らかの負の影響がみられるのではないかと予測して、有翅型と無翅型の生涯産子数と子虫のサイズを比較した（Ishikawa and Miura 2009）[9]。しかし、意外なことに有翅型と無翅型の間でこれらに有意な差は検出されなかった。有意に異なっていたのは、産子開始するまでに要した期間であった。つまり、有翅型は成虫になってから子虫を産みはじめるまでにより長い時間がか

かるのである。一世代だけでみればこの時間差は無意味に思えるかもしれない。しかし、単為生殖により世代を重ねて短期間で莫大な量の子孫を残すアブラムシの繁殖生態を考えると、短い時間で子どもを産むことができる無翅型の出現（Zoom Lens アブラムシにおける生活史の進化）により、アブラムシはより早く世代を重ねることができるようになり、秋までに集団サイズを爆発的に大きくすることができるようになったと考えられる。

Zoom Lens | アブラムシにおける生活史の進化

　アブラムシは、1 年の生活史のなかでさまざまな表現型の個体を出現させ、環境に適応している。不完全変態昆虫全般にみられる通常の発生過程では、卵から発生して翅芽が徐々に発達し、成虫脱皮を経て飛翔可能な翅とともに生殖器官も発達し、繁殖と分散が可能となる。アブラムシでみられるさまざまな環境依存的な多型では、一方のタイプが祖先昆虫においても存在していた形質であり、もう一方がアブラムシの系統において派生的に獲得された形質である場合がほとんどである（Ogawa and Miura 2014）[10]。たとえば、翅が発達するか否かが後胚発生の過程で分岐する翅多型においては、有翅型が祖先的なのに対し、分散を行わなくてよい場合は繁殖のみに専念するために、飛翔器官（翅と飛翔筋）に割くコストを繁殖器官に回すことで「無翅」という新たな形質が獲得されている。また、卵黄を多く含む卵のなかで行われる胚発生が祖先的なのに対し、母虫の体の中で単為発生を開始し、胎生で生まれてくる発生プロセスは派生的形質といえる。未受精卵が発生する単為生殖は他の動物でも多くみられるため、おそらく卵での単為生殖が最初に獲得された後に、胎生が獲得されたと考えられる。また、オス個体が出現する有性生殖は祖先的であると考えられるが、現存のアブラムシではほとんどの世代が行う繁殖様式を単為生殖に依存しているため、夏場にオスを産生すれば相当な無駄となってしまう。そのため、越冬前の一世代のみでオスを産生するという機構が獲得されたのだと考えられる。オスを一世代のみ出すということは、オス産生の際の X 染色体放出の機構と、オスの精子形成の際に X 染色体をもたない精子を退縮させる機構（6.4 節で詳述）の双方を同時に獲得せねばならず、アブラムシの生活史進化における最大の謎のひとつといっても過言ではないだろう。

また、有翅と無翅の幼虫期間の間の卵巣発達の程度を比較することにより、きわめて興味深い事実が判明した。胎生単為生殖世代のアブラムシの卵巣中には発生途上の胚がずらりと並ぶ。有翅型では、飛翔器官が大きく発達する3齢幼虫から飛翔を行う成虫（5齢）にかけて、この卵巣発達が無翅型に比べ大きく抑えられていることが明らかとなった（Ishikawa and Miura 2009）[9]。しかし、これまた面白いことに、有翅型の胚は小さくなっているとはいえ、胚発生のステージはそれほど遅れているわけではないのである。これらのことを考察すると、次のようなことが考えられる（図6.3）。有翅型では3齢以降、飛翔器官を大きく発達させるために、そのしわ寄せとして卵巣発達が影響を受ける。また、より小さくて軽い腹部は、成虫になった直後に行う飛翔に適していることも考えられる。飛翔後には、多少の遅れをとるものの、飛翔筋を分解しその分のエネルギーを卵巣に回すことで速やかに繁殖開始に向かうが、このときの時間のロスを最小限に食いとめるために、小さくても胚のステージはそれなりに進んだ胚を体内に有しているのだろう。アブラムシは、多型性を効率よく実現するために、体内の生理システムについても実に巧妙に適応しているといえるのではないだろうか。

　先に述べたように、表現型多型では同じゲノム情報を有している個体であっても、環境条件に応じて異なる表現型を創出する。ということは当然、環境条件に応じて異なる遺伝子を発現していることにより異なる表現型が生じると予測される。アブラムシの有翅と無翅は完全なクローンであるので、遺伝子発現の比較により適しているといえる。これまでわれわれのグループを含め、アブラムシの有翅／無翅間での遺伝子を比較した研究が報告されている（Brisson et al. 2007 [11], 2010 [12], Ishikawa et al. 2012a [13], 2012b [14]）。遺伝子発現の解析方法には大きく分けて2種類あり、それは、発現に差のある遺伝子を網羅的にスクリーニングする方法（マイクロアレイやディファレンシャルディスプレイなど）と、機能がわかっている遺伝子のホモログをアブラムシで特定してその発現を比較する方法（候補遺伝子アプローチ）である。これらの手法により、有翅型ではエネルギー代謝にかかわる遺伝子の発現が上昇しているほか（Brisson et al. 2007）[11]、翅のパターン形成で重要な働きをする *apterous*（*ap*）という転写因子などの発現も有翅型特異的に上昇していることが示されている（Brisson et al.

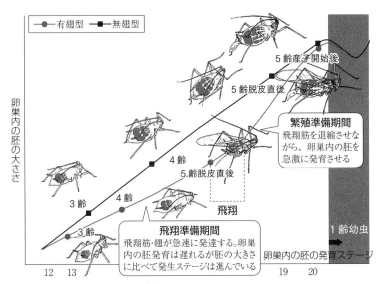

図 6.3 有翅無翅の卵巣発達の差違
有翅型と無翅型の幼虫期における卵巣内の胚のステージと胚のサイズとの関係。有翅型では胚の発育ステージに比して小さい胚を体内に擁しており、とくに飛翔を行う 5 齢（成虫）脱皮直後で、その傾向がもっとも強い。小さい胚をもつことで飛翔をしやすく、しかし、飛翔後にはすぐに産子を開始できるよう適応していると考えられる

2010)［12］。

　また、アブラムシゲノムが明らかにされたことで、DNA のメチル化が生じている部位が予測されている（Walsh et al. 2010）［15］。これによると、幼若ホルモン経路に関与する遺伝子をはじめ、多くの遺伝子がメチル化を受けていることが予測されており、多型性との関与が考えられている。

　アブラムシの遺伝子研究において全般にいえることだが、アブラムシでは残念ながら RNA 干渉法が有効に使用できないため、遺伝子の機能を損なわせる、いわゆる機能解析が困難とされている。今後何らかの方法でこの問題が解決されれば、アブラムシの翅多型の制御機構をめぐる研究はさらに進むことが期待される。

6.3 繁殖多型

さて、話をユキムシの話題に戻そう。先にも述べたように、冬が近づくとユキムシのような産性虫が2次寄主植物（草本植物）から1次寄主の植物（たいていは木本）へと移動する。夏の間に2次寄主上で胎生単為生殖を行なっていたメスのアブラムシが、低温短日条件を感受することによって、有性生殖を行う個体が産生されるのである（本多 2000）[1]。では、低温短日条件を受けることにより、いったいどのような生理的な機構が働き、胎生単為生殖から卵生有性生殖へと繁殖方法が切り替わるのであろうか。われわれはエンドウヒゲナガアブラムシのいくつかの系統のなかから、低温短日条件によってもっとも効率よく有性生殖が誘導できる ApL 系統を用いて、分子生理学的な解析を試みた（Ishikawa et al. 2012a）[13]。この系統は、同じく北海道大学の農学部でアブラムシ類の生態を研究している秋元信一教授の研究室で確立され分与されたものである（Kanbe and Akimoto 2009）[16]。

多くの先行研究から、昆虫のホルモンとしてもっともよく知られる幼若ホルモン（JH）が、この繁殖多型に関与すると示唆されていたが、微小なアブラムシの体から体液を集めるのは物理的に難しいため、直接アブラムシ体内の JH 濃度を測定するのは困難だった。近年になり、LC-MS（液体クロマトグラフィ質量分析計）を用いることで比較的微量の試料からも JH 濃度の測定が可能となった（Westerlund and Hoffmann 2004）[17]。この方法を用いたところ、低温短日条件に応じて JH 濃度が低下することが明らかとなった（Ishikawa et al. 2012a）[13]。また、JH 合成や分解に関与する遺伝子発現をリアルタイム定量 PCR 法（5.9 節参照）という方法で調べると、JH 分解にかかわる酵素である JH エステラーゼ（JHE）をコードする遺伝子の発現が低温短日により上昇し、JH 濃度との有意な負の相関が示された。これらの知見から、低温短日条件により JHE の発現上昇を介して JH 濃度が調節されることで、有性生殖世代が誘導されることが示唆されている。

さらに、他の日本の系統と比較すると面白いことが明らかとなった。本州以南のエンドウヒゲナガアブラムシ系統では、冬期になっても有性生殖世代を出さずに単為生殖世代のみで、年間を通して繁殖を行う。これらの系統の個体は、

ApL系統では有性生殖世代が誘導される低温短日条件にしても有性生殖世代が誘導されない。ApL系統の場合はJH濃度が低下するため、これらの系統のJH濃度を測定してみると、低温短日条件下でもJH濃度の低下はみられない。さらにJHEの発現量は低温短日にしても上昇しないことから、これらの遺伝子の発現制御が低温短日条件に対して応答しなくなってしまったことにより、有性生殖世代が誘導されなくなっているらしいことが示唆された。おそらく、本州では冬の寒さが北海道ほど厳しくないため、胎生単為生殖世代でも冬を乗り切れてしまい、それが何世代も続くことにより、低温への応答性が淘汰されてしまったのであろう。このように環境に対する応答性などの表現型可塑性が、世代を超えた環境変化の影響で遺伝的に変化してしまうことを、遺伝的順応 genetic accommodation（とくにこの場合を遺伝的同化 genetic assimilation）と呼び、表現型進化を考えるうえで重要な機構だと考えられている（第10章参照）(Waddington 1953 [18], West-Eberhard 2003 [19])。

6.4 オス産生の仕掛け

アブラムシの繁殖多型には、これまで述べたこと以外にも、きわめて興味深い生物学的現象が存在している。それは、1年のうちほとんど（おそらく数十世代）はメスのみで単為生殖（アポミクシスというクローン繁殖）をしているが、冬を迎える直前の1世代のみオスを産出する、その仕掛けである。先にも述べたように、低温短日条件に応答した母虫のJH濃度の低下を介してオスが産生される。昆虫の場合、多くは性染色体により性が決定され、アブラムシも例外ではない。アブラムシの場合は、雄ヘテロ型（XY型あるいはXO型）のXO型に分類される。性染色体であるX染色体をホモでもつ、つまり遺伝子型がXXとなればメス個体となり、X染色体を1本しかもたない、すなわちXOとなればオス個体となる（122頁の図8.1参照）。母虫がオスを産生する場合も、胎生単為生殖でオス胚をつくるので、通常と同じことをやっていたのでは、すべての胚がXX型のメスとなってしまう。では、どうやってXO型の胚ができるのだろうか。詳細な機構はまだ明らかとはなっていないが、オスの胚となる卵をつくるときの成熟分裂（減数分裂）の際に、X染色体を細胞外に放出することに

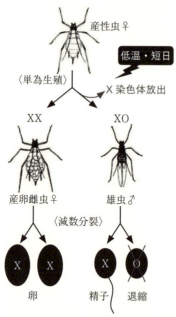

図6.4　1世代のみオスを産生する仕組み
秋になると低温短日を感受し、X染色体が胚の外へ放出されXO型のオスが生まれる。オスがつくる精子のうちX染色をもたないものは退縮するため、受精卵(越冬卵)はすべてXX型のメスとなる

より、メス胚と比べX染色体が1本少ない胚ができることがわかっている(Blackman 1987 [20]；図6.4)。私の研究室でこの機構に迫った大学院生は、極体を放出する際に性染色体だけ不均等に分配される(極体中に余分に1本入れられる)ことにより、XO型のオスを産生することを示す結果を得ている(小川ほか 未発表)。

　さらにもうひとつ、アブラムシのオス産生に関してトリッキーな仕掛けがある。通常XO型では、減数分裂によって精子をつくる際、X染色体をもつ精子(X型精子)ともたない精子(O型精子)の2種類を産生し、X型精子が受精すればその受精卵はメスに、O型精子が受精すれば受精卵はオスとなる(第8章参照)。この機構はヒトでも同じで、O型精子の代わりにY型精子(X染色体をもたずにY染色体をもつ)を受精に使えば男の子が生まれる。しかし、アブラム

シが有性生殖を行うのは1世代のみ、越冬卵をつくるときのみで、越冬卵から生まれた個体はすべて、次の春からは胎生単為生殖に専念する「幹母 founderess」と呼ばれるメス個体である。つまり、さかのぼって考えると受精に使われるオスの精子は X 型精子のみで、O 型精子が受精することは決してないのである（図6.4）。はたして、O 型精子はそもそもつくられないのか、あるいはつくられる途中で退縮してしまうのか、あるいは、つくられても受精能力がないのか、あるいは受精できてもその受精卵は死んでしまうのか、詳細な機構は明らかになっておらず、当研究室の大学院生が現在その謎に挑んでおり、どうやら O 型精子となる精母細胞は減数分裂の途中で分裂を停止し退縮してしまうらしいことがわかりつつある（村野ほか 未発表）。

6.5 胚発生の多型

これまでみてきた翅多型や繁殖多型では、母虫が感受する環境要因が、何らかのシグナルを介して体内の単為生殖胚に伝わることで、次世代のアブラムシの表現型が改変される。実際に異なる表現型への分化がみられる時期は後胚発生過程がほとんどで、翅原基や飛翔筋、生殖器官などの形成が改変される。しかし、昆虫の発生のもっとも初期に相当する胚発生の過程にも複数の発生様式がアブラムシには備わっている。1 年に数十世代もの世代を介しながら増殖するアブラムシにおいて、1世代のみ胚発生過程が異なるのが、有性生殖を経て生まれた休眠卵の中で生じる胚発生である。それ以外のすべての世代は、母体内での胎生単為生殖により生じた胚である（図6.5）。

アブラムシの1年を通してみると、休眠卵での有性生殖胚の発生は1世代のみでみられるので、こちらのほうが特別な発生様式にも思えるが、アブラムシの進化の過程を考えると、あるいは他の昆虫でみられる胚発生と比較してみると、単為生殖による母体内部での胚発生のほうがむしろ特殊な発生過程であり、アブラムシの系統でのみ獲得されたものである（**Zoom Lens** アブラムシにおける生活史の進化）。著者らは、さまざまな分子マーカー（初期発生時に発現するパターン形成因子に対する抗体や、アクチン線維、核酸などを標識する蛍光色素）を用いてエンドウヒゲナガアブラムシの胎生単為生殖世代の胚発生を追跡し、有性生殖

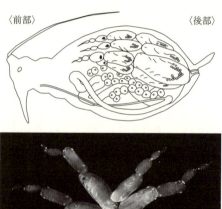

図 6.5 アブラムシの胎生単為生殖胚
　　　　胎生単為生殖を行う世代では、胚発生は母体の卵巣内で起こる。胎生単為生殖世代では、母体の卵巣小管内で胚発生が始まってしまい、卵形成の過程がないことになる。もっとも前側に近い部分には胚腺と呼ばれる部位があり、ここから最初の細胞が卵巣小管へと移動し胚発生を開始する。母虫の後端に近づくに従い成長し、1齢幼虫として産子される（上図）
　　（上図は、佐々木哲彦：栄養管理、石川 統編：アブラムシの生物学、東京大学出版会、2000、p.59 の図 4.3 より改変）

による休眠卵中での胚発生との比較を行った（Miura et al. 2003 [21], Braendle et al. 2003 [22]）。

　単為生殖では受精というイベントがないため、卵形成と胚発生の間の明確な境界がなく、非常に微小な卵細胞のうちから核分裂を開始し、母体の濾胞細胞や保育細胞から発生に必要な因子（母性因子と呼ばれるタンパク質など）や栄養分を受け取っている。その後は、基本的には昆虫の胚発生の過程に従ってアブラムシの体が形成されてくるが、アブラムシにとって必須である細胞内共生バクテリア（細菌）を母体から取り込む様式は、単為生殖胚と有性生殖胚では大きく異なっており、きわめて興味深い。有性生殖では、卵生メスの体内で行われ

る卵形成の終盤頃（卵黄の蓄積がほぼ完了する頃）に、卵の後端に複数の孔が開口し、そこから共生バクテリアが取り込まれる。一方、単為生殖胚では、胞胚期に胚の後端が一カ所開口し、そこに共生バクテリアを保有する菌細胞が連結して胚内に共生バクテリアが注入される（Miura et al. 2003）[21]。さらに、共生バクテリアを保有する菌細胞に分化する細胞核は、胚発生のかなり初期の頃から分化が始まっており、初期発生時に体のパターン形成を行うことで知られるいくつかの重要な転写因子を発現していることが明らかとなっている(Braendle et al. 2003) [22]。おそらく、バクテリアの取り込みや維持のために、菌細胞は特殊化する必要があり、そのために、発生に必要な因子が使い回されている（コオプションされている）のだろう。

　繁殖様式が切り替わる秋は、共生バクテリアにとっても重要な時期といえる。というのも、共生バクテリアは精子には垂直伝搬しないため、オスの個体に感染してしまうと子孫に伝わることはできない。すなわちオスに感染してしまうとデッドエンドなのである。そのためポプララセンワタムシ *Pemphigus spyrothecae* などの種ではオスの胚には共生バクテリアが感染していかない(Braendle et al. 2003) [22]。おそらくここにも雌雄による何らかの差違が引き金となって感染形態の違いとなっているのだろう。

　細胞内共生バクテリアであるブフネラ *Buchnera aphidicola* とアブラムシは互いに密接に依存した共生関係を築いている。アブラムシは植物の師管液という栄養が偏った餌を摂食しているため、不足した栄養を補給するのが共生バクテリアの主たる働きとされており、共生バクテリアがストレスタンパクを積極的に発現することからも、宿主が感じるストレスと何らかの関係があることが示唆される（石川 2000）[23]。これまでの研究では、アブラムシの表現型多型と共生バクテリアとの関連についてはほとんど知見がないが、環境に応答して生理条件を変化させる表現型多型に、共生バクテリアは何らかの関与をしているのでないかと考えられる。今後の研究が待たれるところである。

6.6　アブラムシにみられる真社会性——兵隊アブラムシ

　本書ではすでに「社会性」について、とくにシロアリについていろいろと解

説してきた。いわゆる社会性昆虫といえば、アリやハチ、シロアリなどがまず思い浮かぶが、実は他の昆虫の系統でも報告がなされている。アブラムシにおいても、いくつかの系統で真社会性をもつ種が知られている。アブラムシの場合は「社会性」といってもアリやシロアリのそれとは大きく異なる。分業や保育行動などについてはアリやシロアリには及ばないかもしれないが、社会性アブラムシは捕食者や捕食寄生者から防衛を行う個体、すなわち「兵隊カースト」を分化させる。

　アブラムシにおける兵隊、すなわち防衛個体はほとんどの場合、1齢または2齢の若齢個体の時期に出現し、アブラムシのコロニー（集団）に捕食に現れた外敵に対して攻撃を加えることでこれを撃退する（青木 2000）[24]。兵隊カーストが出現するアブラムシは、タマワタムシ亜科 Eriosomatinae とヒラタアブラムシ亜科 Hormaphidinae の50以上の種において確認されているが、明確に形態が異なる兵隊をもつのは、このうちいくつかの種に限られる。アブラムシの系統において兵隊カーストは独立に4回進化したと考えられている（青木 2000）[24]。アブラムシの兵隊は完全に不妊のものがいる一方、自己犠牲的に攻撃を行うが、生存すれば自らも繁殖齢に達するまで脱皮成長を行うものも存在している（Stern and Forster 1996）[25]。

　アブラムシの主たる外敵は、テントウムシ、ヒラタアブ、クサカゲロウなどの幼虫であり、兵隊アブラムシはこれらの外敵に対し、植物を吸汁するための口吻を使って攻撃する。前脚が大きく肥大した兵隊をもつ種もあり、大きな脚で外敵に組み付き突き刺して攻撃を行う。また、一部の社会性アブラムシ（カンシャワタムシ Ceratovacuna lanigera、ケヤキワタムシ Hemipodaphis persimilis など）では、外敵からの攻撃などの物理的な刺激を受けると、腹部背面の後端にある角状管という突起から、警報フェロモンを分泌して仲間に危険を知らせることが知られている（新垣 1990 [26]、黒須 1999 [27]、柴尾ら 2005 [28]）。

　また、ゴールを形成するアブラムシの種では、兵隊アブラムシは防衛を担うのみならず、ゴール内の掃除という労働を担当することも知られている。ゴールというのは「虫こぶ」のことで、植物を吸汁するときに何らかの物質がアブラムシから注入されることで、植物組織が発達し、内部に空間をもつ「巣」のような構造ができあがる。多くの場合、ゴール内は閉鎖された空間であるので、

内部に脱皮殻や死体、排泄物であるワックスや甘露などのゴミが蓄積する。ツノアブラムシ族では1次寄主世代（越冬を行う世代の寄主で、春先はこの寄主上で増殖する）のゴール内に兵隊が出現し、頭部でゴミをゴールにあいた微小な孔から押し出して捨てる行動が観察されている（Aoki and Kurosu 1989）[29]。この兵隊の頭部には剛毛が生えており、ゴミを引っかけることができ、「掃除」という社会行動に特化した形態であると考えられている。

　ハクウンボクハナフシアブラムシ *Tuberaphis styraci* では、2齢の個体の一部が不妊化し、兵隊として機能する。これらの兵隊は、捕食者に組み付いて口吻から毒を注入することが知られており、毒成分についても詳しく研究されている。この兵隊の攻撃毒は、カテプシンBというプロテアーゼ（タンパク質分解酵素）であることが分子生物学的研究から明らかにされている（Kutsukake et al. 2004）[30]。

　さらに面白い社会行動がモンゼンイスアブラムシ *Nipponaphis monzeni* で報告されている（Kurosu et al. 2003）[31]。この種もやはりイスノキ *Distylium racemosum* という樹木にゴールをつくり、1齢の兵隊カーストを産生する。天敵はアブラムシを捕食するために、このゴールに穴をあけて侵入を試みるが、兵隊アブラムシは穴を見つけると迅速に集合し、大量の体液を放出し、それを前脚で混ぜ合わせて穴を塞ぐ。そうすることにより、兵隊が放出した粘性のある液体は凝固し、まるでかさぶたのようにゴールの穴を塞ぎ、コロニーを守ることができる。最近の研究で、この物質には、植物にできた傷の治癒を促進させる機能があることが明らかにされている（Kutsukake et al. 2009）[32]。

6.7　これからのアブラムシ生物学

　本章で取り上げてきたアブラムシという昆虫は、まさに表現型可塑性の権化のような昆虫である。われわれのように表現型可塑性を研究している研究者にとっては、アブラムシが示す実にさまざまな表現型多型は、エコデボ研究の格好の対象ということができるだろう。われわれが研究を行っているこの時代に、エンドウヒゲナガアブラムシのゲノム解析が終了したということは、研究の幅がいっそう広がるとともに強力なツールをわれわれは手に入れたといえる

(International Aphid Genome Consortium 2010)［33］。ゲノム情報をさまざまに駆使し、さらに次世代シーケンサーやバイオインフォマティクスのような現代的な手法を用いることにより、アブラムシをはじめ多くの生物での可塑性現象の生物学的基盤やその進化過程について、加速度的に明らかにされていくだろう。また、日本においてもアブラムシ研究者のコミュニティである「日本アブラムシ研究会」が立ち上げられ、毎年研究集会が行われている。最先端の技術を駆使する研究者から、アブラムシの研究を始めたばかりの若手までが、情報交換をして、アブラムシ研究を互いに盛り上げる基盤ができつつある。今まさに、アブラムシの生物学がいよいよ面白くなってきた時代なのである。

第7章

ミジンコの誘導防御

7.1 ミジンコとは

　私の研究は、シロアリの社会性に端を発して、カースト分化の仕組みから表現型可塑性・表現型多型へと拡張し、アブラムシも対象として多彩な表現型多型の研究を幅広く行ってきた。さまざまな表現型可塑性を示す動物たちは他にもいろいろと存在するが、そのなかでも、かねてから興味をひかれてきたのがミジンコの仲間である。なにより、ミジンコがみせる表現型可塑性はすばらしく、また採集や飼育も容易であろうと想像されたため、研究対象として非常に魅力を感じていた。ミジンコは、エビやカニなどと同じ甲殻類の仲間であり、分類学的には節足動物門・甲殻亜門 Crustacea・鰓脚綱 Branchiopoda・枝角目（ミジンコ目）Cladocera に属するものの総称である。そのなかでも、ミジンコ属 *Daphnia* は種数も多く、汎世界的に分布している。もっともよく知られ分布も広く、研究対象として非常に頻繁に使われているミジンコは *Daphnia pulex* であり、和名で「ミジンコ」といえばこの種のことを指す。

　ミジンコは甲殻類に属しているので、明確な体節構造をとっているものの、外見上は体節の構造は確認しにくい。ミジンコという呼び名は、微小な生物という意味の「微塵子」という漢字表記に由来する。英語では water flea と呼ばれるが、これは「水のノミ」という意味である。確かにミジンコもノミも外見は平たい楕円形の体制をしているので、この呼称もうなずける。ミジンコの胴体部は大きな殻（外骨格）に覆われており、二枚貝の貝殻を左右で合わせたような形をとっていて、体の前側（腹側）が開口している（口絵6：ミジンコの体制）。

前側の殻の中には五対の胸脚があり、これらを動かし水流を起こすことで餌を確保している（花里 1998）[1]。餌は主に植物プランクトンなど微細な浮遊物である。上方に突き出した腕のようなものは第2触角で、これを勢いよく動かすことでホッピング運動と呼ばれる遊泳運動を行う。多くの甲殻類は卵から孵化すると、ノープリウスという幼生期を経た後に変態して成体となるが、ミジンコの場合は、ノープリウス幼生の特徴を残したまま成熟するため、このような体制になると考えられている（Claus 1876）[2]。

7.2 ミジンコの生活史

　私がもっとも興味をそそられたのはその生活史のパターンである（図7.1）。とくに表現型可塑性・表現型多型という点において、さまざまな環境の影響を受けてその表現型を自在に変化させるところは、すでに本書で詳しく解説をしたアブラムシに非常によく似ている。形態的にはノミのような格好をしているが、私にいわせればwater flea（水のノミ）というよりも water aphid（水のアブラムシ）と呼んでもよいくらいである。ではどのような可塑性を発揮してミジンコは生活しているのだろうか。

　ミジンコは、通常すなわち好適な環境下では、アブラムシと同様に、メス個体のみが単為生殖を行うことによって増殖をする。さらにアブラムシと似ているのは、卵を産み落とすのではなく子どものミジンコが母親の体から直接出てくることである。アブラムシの場合は母親の胎内で胚発生を完了するので完全な胎生ということができる。ミジンコの場合は、母ミジンコの背部にある保育器官である「育房 brood chamber」と呼ばれる空所に10〜20個ほどの卵が卵巣から産み出され、育房内で胚発生を行った後、育房から出産されて自由遊泳するようになる。この場合、いったん卵が産み出された後に育房内で保持されるだけなので、昆虫でいう「卵胎生」にみかけ上似ているといえる。育房は左右に合わさった殻（甲殻類ではcarapaceと呼ばれる部位）の間に外界の水が行き来できるような空間であり、ミジンコの体外である。そのため厳密には単為生殖世代も卵生ということになる。

　繁殖は母個体の脱皮周期とシンクロして行われる。脱皮の直後に卵（胚）が

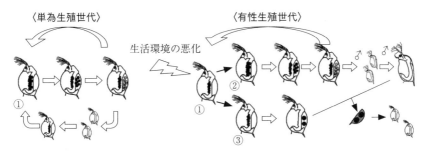

図 7.1　ミジンコの生活史
単為生殖世代には、メスが自身と同じ遺伝子をもつメスを産生するクローン繁殖を行う（①メス産生メス）。環境条件が悪化するとオスが産出され（②オス産生メス）、このオスと交尾して休眠卵（耐久卵）を形成する（③卵生メス）、休眠卵は低温や乾燥などの悪条件にも耐えられる。条件がよくなると発生を開始し、ミジンコ幼生が孵化する

卵巣から育房へと移動する。育房内に産卵された卵の中には卵黄が蓄積されており、卵黄の栄養分を使って初期発生が進んでいく。胚発生後期にはミジンコの形態的特徴である触角と眼点が形成される。ミジンコの複眼は左右のものが融合した「一つ目」である（正面からミジンコを見るとよくわかる）が、初期発生の時には左右二つの複眼が形成され、発生が進むと左右の複眼が融合して一つ目となっていく（Kotov and Biokova 2001）[3]。2日ほどで育房から外界の水中へと産子され、自由遊泳をする1齢個体となる。昆虫と違って、一生に行う脱皮回数は決まっておらず、5齢で性的に成熟した後も2〜3日に1度ほどの頻度で繰り返し脱皮を行う。ミジンコのメス個体は生涯で約300個体の子孫を残すといわれている。

では、環境が悪くなると繁殖方法はどうなるのか。これについても、アブラムシ同様、雌雄の個体が出現し有性生殖を行い、休眠卵を産卵する。後ほど詳しく解説しよう。

7.3　ミジンコにみられる形態輪廻（季節的形態変化）

表現型可塑性について語るとき、ほとんどの場合ミジンコの例があげられる。第3章で述べたリアクション・ノーム（3.3節）が最初に描かれたのも、ミジン

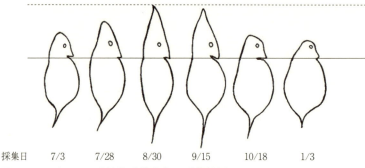

採集日　　7/3　　7/28　　8/30　　9/15　　10/18　　1/3

図7.2　ミジンコの季節的形態変化＝形態輪廻
Daphnia retrocuva における季節的な形態変化。春先から盛夏にかけて角および殻刺が伸長する
（Dodson S : BioScience 39: 447-452, 1989 [5] より改変）

コを対象とした研究であった。ミジンコの頭部の長さや突起に環境依存的な変化があることは古くから知られる現象であった。春先にみられるミジンコの頭部は丸く、尾部にある殻刺 tail spine は短いが、次第に頭が尖り殻刺は伸びて、夏期に最大となり、秋にはまた短くなるのである（Woltereck 1909 [4], Dodson 1989 [5]）。この現象は形態輪廻 cyclomorphosis と呼ばれており、ミジンコ以外にも植物プランクトンなどで夏期にのみ棘を延ばす例が知られている（図7.2）。なぜ季節に応じて変化するのか、その要因に関してはいくつか仮説があり、古くは温度によって水の比重が変わりそれに応じて浮力を変化させるために形態を変化させる、というものもあった。しかしその後の研究により、捕食者である昆虫のフサカ（*Chaoborus* 属）の幼虫が夏期に多く発生するので、その捕食から逃れるために殻刺や頭部を伸長させることがわかった。

7.4　誘導防御

ミジンコは淡水の止水に主に棲息する。具体的には湖や池、沼などである。このような環境には当然ミジンコ以外の生物が多数棲んでいる。魚や昆虫の幼虫などは、ミジンコにとっての脅威となる。そして、ミジンコなどの浮遊性のプランクトンは遊泳能力も乏しく捕食者にとっては格好の餌となる。ミジンコ

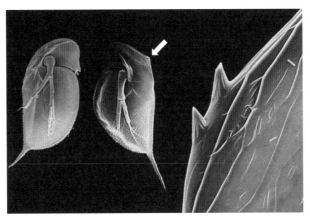

図 7.3　ネックティース
後頭部に形成されるネックティース（矢印）は体全体に比して微小な棘であるが、捕食者であるフサカの幼虫は頭部からミジンコを丸飲みするため、咽頭部がこの棘（写真右：拡大図）に引っかかり、飲み込むことができなくなる

の形態に影響を与える捕食者としてもっともよく知られるのが、フサカ（Chaoborus 属）の幼虫である。フサカはケヨソイカ科に属する双翅目（ハエ目）の昆虫で、成虫が吸血をするカが属するカ科とは系統的にも異なっており、吸血も行わない。しかし、幼虫は捕食性であり、ミジンコなどのプランクトンを丸ごと飲み込む。ミジンコ Daphnia pulex の防御形態であるネックティースと呼ばれる後頭部の棘は、見た目には微小な2～3本の棘なので、本当にこんなものが防御に有効なのか、と問われることも多い（図7.3）。ネックティースを生やす2～3齢のミジンコの頭部はフサカ幼虫の咽頭の幅とほぼ同じであり、フサカはミジンコの頭から飲み込もうとするため、逆向きに生えている棘はたとえ小さくても、フサカの喉に引っかかって飲み込むことができない。他種のミジンコはネックティースではなく、1本の鋭い角を形成したり、ヘルメットと呼ばれる頭部が膨らんだような形態をもち、被食を逃れている。

　では、どのような環境要因がきっかけでミジンコはネックティースなどの防御形態を形成するのだろうか。捕食者であるフサカがいるときにのみネックティースを生やし、いないときには生やさないのだから、捕食者の存在をどこか

で認識していることは確かである。その詳細なメカニズムについてはいまだ不明な点も多いが、捕食者由来の化学物質を感受していることは間違いなさそうである。われわれの研究室でもミジンコの防御形態の誘導についての研究を行っていたが、実験を行ううえではネックティースを生じた個体を効率よく、そして再現性よく誘導できなくてはならない。いくつかの先行研究により、フサカを飼育した水（われわれは「フサカ水」と呼んでいた）で母個体のミジンコを飼育してやれば、生み出された子虫が1～3齢時にネックティースを生やすことが知られている。そこで、われわれは1Lの水に十数匹のフサカ4齢幼虫を3日以上飼育して得た「フサカ水」でミジンコを飼育することで、効率よくネックティース個体を誘導し実験を行っていた（Imai et al. 2009）[6]。

一般的に、ある生物種がつくった化学物質が他種の生物にとって有益な方向に働く場合、その化学物質をカイロモンと呼ぶ（Brown et al. 1970）[7]。ミジンコの防御形態誘導の場合はフサカが分泌する物質がカイロモンとなる。このカイロモンの実態が何であるかはいまだ議論の残るところで、同定調査は試みられているものの、結果が待たれる状況にある。

7.5　ネックティースの形成機構

では、フサカ水に曝露されたミジンコはどうやってネックティースを生やすのだろうか。これについても詳細な分子機構はいまだわかっていないが、いくつか面白いことが明らかにされつつある。ミジンコの母個体をフサカ水（カイロモン）に曝露して育房中に産卵させると、産み出された卵の中の胚の後頭部が盛り上がってくる。後頭部の隆起が維持されたままで、1齢個体へと孵化すると、通常はネックティースが1本だけ生じる。幼生をそのままフサカ水で飼育すると、ネックティースは数を増し、3齢幼生頃に最大で3～4本となる。組織学的観察では、後頭部の隆起（クレストという）は上皮組織が肥厚することによって形成されており、この場所でネックティースを形成するための細胞増殖と形態形成が行われていると考えられる。実際に後頭部の上皮細胞は、ネックティースの形成に先駆けて肥厚しており、1齢個体で厚さは最大になる。殻刺の長さもネックティース同様、3齢個体で通常個体とフサカ水曝露個体との

差が最大になる。つまり3齢は頭にも棘があるし、尾部の棘（殻刺）は長いしで、フサカにとっては非常に飲み込みにくい形態となっている。そして、4齢以上になると、体サイズが十分に大きくなりネックティースを生やさなくてもフサカに飲み込まれないため、コストとなる余計な形態形成を行わなくなると考えられる。

7.6 カイロモン感受期

次にわれわれが行ったのは、カイロモンであるフサカ水を、発生の過程のどの期間に曝露するともっともネックティース形成に効果があるのかを吟味する実験である。曝露する期間について、卵の内部で起こる胚発生期と、後胚発生過程である各齢期をさまざまに組み合わせて、生じたネックティースの本数を調査した。その結果、胚発生期のみの曝露でもネックティースは形成され、胚発生の間に曝露をしないと、その後の幼生期で継続して曝露してもネックティースは形成されない、つまり胚発生期の曝露は必須であることが明らかとなった。さらに、胚発生期で曝露をやめてしまうとネックティースはせいぜい1本しか生えないのに対し、その後も曝露を継続すると4本まで増えた。3齢ぎりぎりまで曝露する場合がもっとも効果が高く、本数が最大となった。これは、胚発生を終えた幼生期（後胚発生期）にもカイロモンの情報がネックティースを維持するのには必須であることを示している。逆にいえば、もし発生の途中で捕食者がいなくなってしてしまった（カイロモンがなくなった）場合、コストがかかる防御形態形成をすぐに止めてその分のエネルギーを繁殖など他のことに回すことができる、ということである。

7.7 体サイズと防御形態のトレードオフ

もうひとつ、われわれの研究から防御形態形成に関して、興味深い結果が得られている（Imai et al. 2009）[6]。上記の感受期に関する結果をふまえると、ミジンコの卵は直接カイロモンを認識してネックティース形成を行っているのか、それともカイロモンを感受した母親個体の生理システムを通して、卵形成

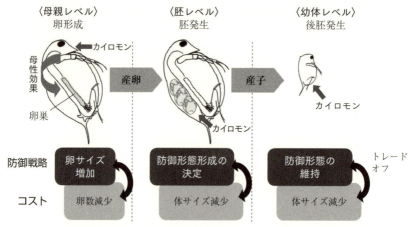

図 7.4 カイロモン応答様式とトレードオフ
カイロモンの効果は、母親が受容すると次世代の卵のサイズが増大する代わりに、卵数の減少というコストが生じる。胚や幼体が感受すると防御形態が形成・維持される代わりに、体サイズが減少する

の過程で何か情報が卵に伝えられているのか、という疑問が生じた。

そのため、育房に産み出されたミジンコ卵を単離して、フサカ水に直接曝露して飼育する実験を行なったところ、ネックティースを形成する若齢個体は有意に体長が減少することが示された。このことは、ネックティースという防御形態を形成するのにはコストがかかる一方、すでに個々の卵は育房内に産卵されてしまっていて卵黄などの資源は限られているため、防御形態形成に要するコストの分、体長が減少してしまっていると考えられる。

その一方で、母親個体をフサカ水に曝露して産卵させた場合、卵の数は減り、卵およびそれらからかえったミジンコ幼生の体長は逆に大きくなることがわかった。この場合には、大きい卵から生じる大きい幼生のほうがより捕食されにくいという適応があり、そのしわ寄せ（トレードオフ）として卵数の減少が生じているのだと考えられる。

もしこれらの予測が正しいとすると、カイロモン曝露された母親個体が生んだ卵を、カイロモンなしの状態で胚発生を完了させればもっとも大きなミジンコ個体になるのではないかと考えた。そのような実験を行ったところ、結果は予想どおりのものとなった。大きな卵が防御形態形成にコストを払わなくて済

むため、最大のサイズになることができたと考えられる。

　これらの実験結果を総合すると、ミジンコは生活史全体を通し、フサカの分泌するカイロモンに応答して防御形態形成や卵形成の発生過程を可塑的に改変することで、被食防御と繁殖の戦略のトレードオフを巧みに調節していると考えることができる（図7.4）。

7.8　防御形態形成の分子機構

　上記の観察結果から、ミジンコの防御形態形成においても、発生過程でパターン形成を制御する因子や、幼若ホルモンやインスリンなどの内分泌因子が関与していることが示唆される。そのため、われわれの研究室のかつての大学院生のひとりが、これら発生制御因子および内分泌因子の遺伝子発現がミジンコのネックティース形成時に上昇するかどうかを、体系的に調べた。とくに、カイロモン感受期である胚発生期と、ネックティース形成が起こっている1齢幼生期に着目し、発現が上昇する遺伝子を検索した。ミジンコはゲノム解読が完了しており、各遺伝子のミジンコでのオルソログ（相同遺伝子）の配列は、インターネット上のデータベースから容易に入手することができる。リアルタイム定量PCR法による発現解析の結果、形態形成因子として知られる*Hox3*、*exd*、*esg*と呼ばれる遺伝子、幼若ホルモンの合成や受容にかかわるとされる*JHAMT*や*Met*、またインスリン経路に関与する*InR*および*IRS-1*の発現量がカイロモン曝露に応答して上昇することが明らかとなった（Miyakawa et al. 2010）[8]。これらの結果から、防御形態形成時には、カイロモンシグナルの受容の下流で、幼若ホルモンやインスリンなどの内分泌経路を介した体内生理環境の変化が起こり、初期発生における形態形成カスケードの一部を流用（コオプション）することで、ネックティース形成や殻刺の伸長などの形態形成が行われるという分子制御モデルが予測されている。ミジンコをはじめとする甲殻類において「幼若ホルモン」として機能するのはメチルファルネソエイトという物質であり、実際にこの化学物質をカイロモン存在下でミジンコに投与するとネックティース形成の誘導率が有意に上昇することも示されている（Miyakawa et al. 2013a）[9]。

7.9 リアクション・ノームの進化

　ヴォルターレック（R. Woltereck）が1909年に描いたリアクション・ノームがミジンコを対象にしたものであることは先に述べた（3.3節）が、この図でミジンコが湖ごとに異なるリアクション・ノームを示すことが表されている。捕食圧の高い湖由来のミジンコでは、餌条件が悪くても頭部を伸長しやすく、捕食圧が低い湖由来のミジンコは、餌条件がよくてもなかなか頭部を伸長しない。すなわち個体群により防御形態形成の仕方に遺伝的な変異がみられるということを示唆している。

　われわれの研究室でも、国内各所から採集してきたミジンコを用いて、カイロモン濃度に対するリアクション・ノームを比較する研究を行った。全国の数カ所の湖沼から採集したミジンコ *Daphnia pulex* を同じ条件で飼育し、フサカ水（カイロモン）の濃度を希釈した飼育水を用いて飼育した場合のネックティースの誘導率と、形成されたネックティースの本数を調べた（Miyakawa et al. 2015）[10]。その結果、濃度に応じて比較的緩やかにネックティースを形成する系統と、低濃度でも急速にネックティースを形成する系統（こちらの系統のほうがネックティースを生やしやすいということになる）が存在することがわかった。ネックティースを生やしやすい系統は、形成する本数も多く、低濃度でもより確固たる防御形態を形成するため、おそらくは進化の過程でより強い捕食圧を受けたのではないかと考えられる。ではどのような遺伝子群に選択がかかることで、リアクション・ノームの違いが生じるのか。それについては、明確なデータが得られたわけではないが、先に述べた内分泌制御因子などの発現に影響を与える何らかの遺伝子が関与していることが予測されている。

7.10 繁殖多型

　ミジンコ類にみられるもうひとつの重要な表現型可塑性・表現型多型が、繁殖多型である。これもアブラムシ類にみられるものと非常に似ているといえる。普段の好適な条件のとき（水温20℃ほどで低密度、餌も十分）にはメスのみが単為生殖を行ってクローン繁殖により個体数を増やす。しかし、低温や乾燥など

の不都合な環境条件になると、オス個体が出現し、これと交尾を行って休眠卵を産生する（図7.1）。休眠卵はメス個体の胴体背側の育房の部分に、二つの卵が黒色の鞘（卵鞘）に包まれた状態で形成される。二つの卵の入った卵鞘は母個体の脱皮と同時に母個体から離れる。この休眠卵は耐久卵とも呼ばれ、低温や乾燥などの過酷な環境にも耐えることができ、好適な淡水環境が得られれば、卵からメスのミジンコが孵化してくる。

　オオミジンコ *Daphnia magna* におけるいくつかの先行研究（Olmstead and Leblanc 2002 [11], 2003 [12], Tatarazako et al. 2003 [13]）では、昆虫の発生制御において重要な役割をになう幼若ホルモンやその類似体をメス個体に曝露することによりオスの幼生を産生するという実験結果が報告されている。ミジンコを含む甲殻類では、昆虫の幼若ホルモンとまったく同じ物質は体内に存在せず、幼若ホルモンの前駆体であるメチルファルネソエイトという物質が幼若ホルモンとしての機能を果たすことが知られている。どのようにメス産生からオス産生に切り替わるのか、その詳細な機構は明らかになっていない。おそらく自然条件下においても、母親が脱皮・繁殖の特定の時期に、内分泌器官からのメチルファルネソエイト分泌量が環境条件の悪化により増大することで、オス個体が出現すると考えられる。同じ甲殻類のエビやカニなどの十脚類では、大顎器官 mandibular organ という器官がメチルファルネソエイトを分泌するとされているが、ミジンコでは、この器官に相当するものは見つかっていない。そのため、環境条件がどのような機構を介し、メチルファルネソエイトの濃度変化に影響を与えるのかについては、いまだ解明されていないが、幼若ホルモンの誘導体や類似物質を投与することでオス個体を誘導できるというシステムを用いれば、雌雄の違いがどのように生じるのか発生学的な機構について研究を進めることができるだろう。

　母親によってオスとして生み出された卵は、初期の頃はメスの卵とまったく区別がつかないが、発生過程で次第にオス特異的な特徴が認められるようになる。ミジンコのオス個体は、単為生殖による繁殖を通常行うメス個体とは、形態的にもさまざまな点で異なっている。まず体サイズがメスに比べて若干小さく、口吻のあたりから前方に突き出した第1触角や交尾時にメスを把握するフック状の第1胸脚などの構造がみられる。メス個体の消化管の両側にみられる

卵巣は、当然オスには存在せず、同様の位置に精巣を認めることができる。

　昆虫における性差発現は、doublesex（ダブルセックス）という遺伝子が深く関与していることが、ショウジョウバエなどの研究から明らかにされている。さらにdoublesexに類似した遺伝子が、線虫（mab-3遺伝子）からヒト（dmrt1遺伝子）にわたる広範な分類群においても同様に性差発現に関与することが知られている（8.7.3節参照）。オオミジンコではホルモン類似体を用いたオス誘導が比較的容易なことから、オオミジンコにおけるdoublesex遺伝子のオルソログが同定され、RNA干渉（RNAi）法によりこの遺伝子の機能を阻害すると、第1触角などのオス特異的な構造が消失し、さらには精巣の代わりに卵巣が形成されることが確認された（Kato et al. 2011）[14]。昆虫は通常、doublesex遺伝子をゲノム中に一つもち、これが発現する際に選択的スプライシングを受けることで、雌雄で異なるmRNAがつくられる。これが引き金となり、雌雄による表現型発現の違いが引き起こされ、さまざまな性差へと結びついている。しかし、ミジンコでは選択的スプライシングが起こるのではなく、オスのみでdoublesexが発現し、メスでは発現しないという制御が行われているようである。さらにこの研究でオオミジンコはdoublesex遺伝子のコピーを二つもっていることが明らかになっている。複数の性決定遺伝子をもつ意味は現時点では不明であるが、性発現を制御するうえで何らかの機能を果たすものと考えられている。

　これらの研究成果を総合すると、水温の低下、餌の量や質の低下、さらには個体群密度の増加などの環境悪化が生じると、何らかの感覚器官を通してミジンコの生理状態が変化し、その結果として幼若ホルモン前駆体であるメチルファルネソエイトの体内濃度が上昇する。そしてその内分泌機構の変化が引き金となって最終的にはdoublesex遺伝子の発現が誘導されることでオス個体が産生されるという図式が浮かび上がる。アブラムシの場合では、オス産生だけでなく休眠卵を産卵する卵生メスも幼若ホルモンの制御により誘導される（第6章参照）が、ミジンコの休眠卵産生の誘導に内分泌機構がどのように関与しているかは不明な部分が多い。卵形成の過程は、好適な条件で行われる単為生殖とはまったく異なることからも、環境条件の悪化を何らかの生理的変化が媒介することで卵巣での卵形成に影響を与えるのだと考えられる。この機構につい

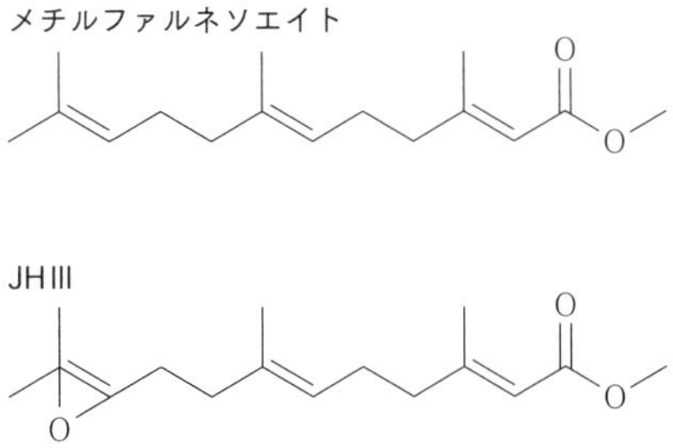

図 7.5 甲殻類のメチルファルネソエイトと昆虫の JHIII
甲殻類において幼若ホルモン様の生理活性をもつのがメチルファルネソエイトである。この分子は、昆虫ではJHIII の前駆体として合成される。昆虫とミジンコで受容体分子のアミノ酸配列が微妙に異なることで、これらの物質に対する応答性の違いが説明されている

ては、今後の研究の展開に期待したい。

7.11 ミジンコにおける幼若ホルモン受容機構

　ミジンコにおいて、誘導防御や繁殖多型などの表現型可塑性を調節する生理活性物質はメチルファルネソエイトであることはすでに述べた。昆虫では、メチルファルネソエイトは幼若ホルモン（JHIII）の前駆体として合成されるが、下流の酵素が働くため、速やかに幼若ホルモンへと変換されてしまう（図7.5）。ミジンコ類におけるメチルファルネソエイトの合成系についてはわかっていないことが多いが、昆虫とミジンコを含む甲殻類で、幼若ホルモンの受容機構の相違について新たな知見が得られている（Miyakawa et al. 2013b）[15]。

　昆虫の幼若ホルモンは JHIII と呼ばれる物質であり、ミジンコに JHIII を投与してもオス産生などの表現型可塑性を誘導することができる。しかしその生理活性は、ミジンコが本来もつメチルファルネソエイトに比べるとかなり低い。このことから、昆虫とミジンコでは幼若ホルモンの受容機構に相違があることが想定された。昆虫では、methoprene-torelant（Met）という受容体分子にJHIII が結合すると、Met は steroid receptor coactivator（SRC）というタンパク分子と二量体を形成することで、幼若ホルモンの下流の経路が活性化するこ

とが明らかとなっている（Zhang et al. 2011）[16]。

　ミジンコでこれらの分子を単離し、JHIIIやメチルファルネソエイトへの応答性を検討したところ、JHIIIに比べてメチルファルネソエイトでは約10分の1の濃度で二量体を形成することが明らかとなった。また、昆虫とミジンコでの応答性の差は、Metタンパクのアミノ酸の一つが異なることが原因であることも示された。実際にミジンコのMetにおいて、そのアミノ酸を昆虫のものに合わせて置換すると、JHIIIへの応答性が10倍ほど上昇するという結果が得られている。

　受容機構が異なることを示したこの研究は、ミジンコと昆虫における生理機構の進化過程についての示唆が得られると同時に、環境応答性が強いミジンコが、いかにして外来の物質によって内分泌攪乱を起こされているかを理解するのにも役立つことが期待されている。

7.12　低酸素に対するヘモグロビン合成

　ミジンコの生息する湖沼、すなわち淡水止水生態系には、陸上や河川とは異なる過酷な環境が存在する。われわれのような陸上生態系で棲息する生物には、よっぽどの閉鎖空間でない限り酸素濃度を気にする必要はない。しかし、水は空気に比べると流動性が低い（粘性が高い）ため攪拌されにくく、また湖沼は比較的限られた空間であるため、局所的に酸素濃度が低い部分が出現する可能性がある。たとえば富栄養化した湖などでは、豊富に蓄積した有機物がバクテリアなどの微生物により盛んに分解されることで酸素が消費され低酸素状態になることが非常に多い。しかしミジンコにはそのような低酸素状態に対する適応も備わっている。有機物が多く富栄養化した湖沼では、しばしば通常のミジンコとは色が異なり赤いミジンコが採集されることがある。このようなミジンコは、通常の状態よりヘモグロビンというタンパク質が豊富に体液中に含まれている。低酸素状態でヘモグロビン産生を行うことは、ミジンコ *Daphnia pulex*、オオミジンコ *D. magna*、タマミジンコ *Moina macrocopa*、オカメミジンコ *Simocephalus vetulus* で知られている。これらの種はミジンコのなかでは比較的体サイズが大きく、魚類の餌になりがちな種類だが、魚類にとっては低

すぎる酸素濃度（具体的には 3mg/L 以下）でも生存することができる。低酸素状態に適応することで捕食の危険性が低い湖沼での生存が可能となるのである。実際に実験条件下で低酸素状態にするとミジンコの摂食速度や呼吸速度が低下するが、ヘモグロビンが豊富に産生されるとこれらの速度が回復することが報告されている（Kring and O'Brien 1976）[17]。

　ヘモグロビンといえば、われわれヒトの血液中、赤血球の細胞に含まれるタンパク質で、酸素運搬に重要な役割を果たす。このため、ヒトの血液は赤色をしている。ミジンコにおいても同様だが、ヘモグロビンは体液（血リンパ）中の血球細胞外に存在している。通常の状態でも多少ヘモグロビン分子は存在しているが、低濃度であるため、外見上は赤くはみえず透明なミジンコの姿をしている。オオミジンコのヘモグロビンは 16 のサブユニットからなる分子量 500kDa（分子量 50 万）という、ヘモグロビンとしてはかなり大きな分子である。ちなみにヒトのヘモグロビンは四つのサブユニットからなり、分子量は約 64kDa である。ミジンコのヘモグロビンは一つのサブユニットあたり二つの酸素分子結合サイトが存在しているため、一つの分子で 32 の酸素分子と結合できる計算となる。また、ミジンコ *D. pulex* とオオミジンコ *D. magna* の 2 種のゲノム情報から、ミジンコのゲノム中にはタンデムに重複したヘモグロビンが多数（ミジンコで 11、オオミジンコは 8）存在することがわかっている（Colbourne et al. 2011）[18]。ゲノム中に多数の遺伝子コピーが存在することにより、低酸素状態に急激におかれたときでも、迅速にヘモグロビン遺伝子を発現することで、その環境に適応できるようになっているものと考えられる。

7.13　ミジンコも可塑性の権化

　この章では、本書では唯一昆虫ではないミジンコについて取り上げ、ミジンコが湖沼環境というフィールドでみせるさまざまな可塑性について紹介してきた。ミジンコはいわゆるプランクトン（浮遊生物）であり、捕食者からみれば比較的無力な動物である。さらに湖沼生態系という逃げ場のない閉鎖された環境に棲息している。しかし、アブラムシもそうであるが、ミジンコは、その無力さが故に、「表現型可塑性」という環境応答能を最大限に発揮した戦略をと

っており、アブラムシ同様、可塑性の権化のような生物であるといえるのではないだろうか。水生の生物、とくに浮遊生物や固着生物は、捕食者の攻撃や環境改変などが生じたときに遊泳して迅速に逃避行動をとることができない。そのために、可塑的に防御形態をつくったり、休眠卵を生じたりすることで、生存あるいは繁殖の可能性を高めている（Adler and Harvell 1990）[19]。ミジンコは汎世界的に分布しており、誰でも容易に飼育することができる。さらにはゲノム情報なども現在は入手可能となっており、可塑性研究のモデル生物となる可能性を十分にはらんでいる。難点をいえば、体サイズが1～2mmと小さいことで、サイズの大きい昆虫などでは可能な解剖や手術的操作が難しいことである。また遺伝子の機能解析についてもまだまだ未成熟で開発の余地が残されている。今後はミジンコのもつ利点をうまく使いつつ、そのすばらしく柔軟な適応能力について進化の鍵が明らかにされることを望んでいる。

第8章

性的二型と表現型可塑性

8.1 性的二型と表現型可塑性

　これまでさまざまな表現型可塑性や表現型多型の例をあげてきた。表現型可塑性の定義としては、「同一のゲノム情報であっても」環境依存的にいろいろな表現型を発現できることである。しかし「同一種内に」異なる表現型がみられることは環境依存的なもの以外にもある。当然「遺伝的な」表現型の多型というものは古くから知られるし、進化が起こるための前提としてダーウィン (C.R. Darwin) があげた「変異」といえば、まずは遺伝的な多型を示すというのが一般的な解釈だろう。

　もうひとつ、多くの生物でみられる種内の多型、それは「性」である。有性生殖を行う生物種の多く、とくに動物では、オスとメスという表現型の異なる個体が異形配偶子をつくり、それらが接合（受精）することで接合子（受精卵）ができる。胚発生の過程はオスとメスで大きくは異ならないことが多いが、どちらの性になるかの決定は多くの場合、受精の瞬間に決まる。これは精子と卵がもつ染色体の組合せパターンで決定されるからに他ならない。ヒトを含む多くの動物は雄ヘテロ型といい、染色体の一つが性染色体（X染色体とY染色体）としてふるまい、受精卵の性染色体のタイプがXXであればメスに、XYであればオスになる。Y染色体は動物種によっては存在しないこともあり、その場合にはXO型、すなわち性染色体はX染色体1本のみ、となればオスとなる。カイコなどの動物では雌ヘテロ型であり、性染色体はZとWで示す。ZW（またはZO）であればメスに、ZZであればオスになる（図8.1）。

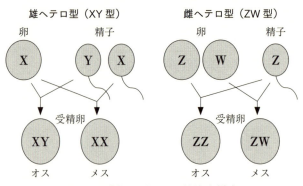

図 8.1 遺伝子型による性決定様式

このように、性の決定は染色体でなされることが多いが、実は性染色体はどちらの性になるかのきっかけを与えるだけである。性によるさまざまな違い（形態だけでなく行動も含む）を性差と呼ぶが、性差のすべてが性染色体に集約されているわけではない。オスもメスももつ常染色体上の遺伝子が、何らかの生理状態（体内ホルモン濃度など）に対し、決定された性に従って応答して発現することで、性特異的な形質が表れるのである。その意味においては、きっかけは遺伝的な要素ではあるものの、表現型可塑性・表現型多型における状況依存的形質発現にきわめて似ているということができる。

8.2 温度依存的性決定

上記で説明した遺伝子型による性決定を遺伝的性決定 genetic sex determination（GSD）という。それに対し、環境依存的性決定 environmental sex determination（ESD）も知られている。環境依存的性決定のもっとも代表的なものは温度依存的性決定 temperature-dependent sex determination（TSD）であり、カメやワニなどの爬虫類や魚類などで知られている（第3章で紹介）。どういう温度変化で性比が変化するかはその種（系統）ごとに異なっている（Crain and Guillette 1998）[1]が、通常の環境下では両方の性が適当な比率（1：1とは限らない）で産生されると思われる。個体群サイズがメスの個体数により規定されるような場合では、性比がメスに偏ったほうが適応的である。しかしその

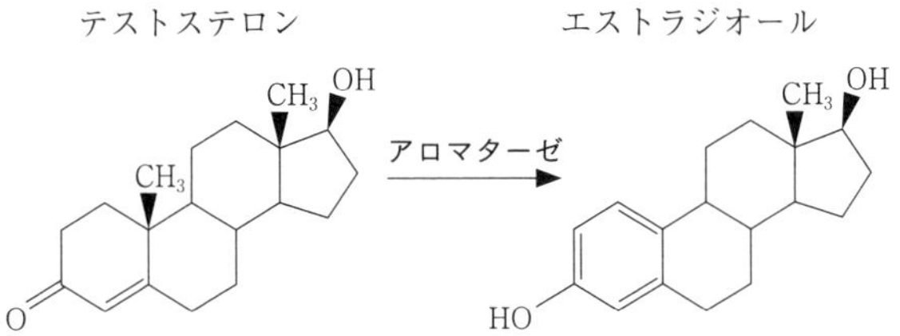

図 8.2　アロマターゼによる性ホルモンの転換

　反面、環境の変化などで、すべての個体が片方の性になってしまうこともあり、そのような場合は系統の維持が危ぶまれるというリスクもはらんでいる。また、トウゴロウイワシ *Menidia menidia* の南方の個体群では繁殖期間が長く、温度の低い繁殖期の早期に産まれる卵はメスになりやすく、温度が高い後期ではオスになりやすいという傾向がある。しかしこの傾向は、南方個体群のみでみられ、繁殖期間が短い北方では温度にかかわらず性比は 1：1 となっている（Conover and Heins 1987）[2]。

　では、どういう仕組みで、温度によって性が決定されるのだろうか。これは、脊椎動物の性ホルモン代謝に重要な役割を果たすアロマターゼという酵素が一枚かんでいる。アロマターゼは、男性ホルモンであるテストステロンを、女性ホルモンであるエストロゲンに変換する酵素である（図 8.2）。生化学の基礎として知られるように酵素反応には温度条件が重要な役割を果たす。温度に依存してこの酵素の活性が変化することにより、テストステロンあるいはエストロゲンの濃度の高低が変化することになる。胚発生の特定の時期に、テストステロンとエストロゲンのどちらのホルモン濃度が高いかによって、生殖腺が精巣に分化するか卵巣に分化するか、すなわちどちらの性に分化するかが決定される。これらの性ホルモンは脊椎動物に特有なものであり、温度に依存した性決定が脊椎動物によくみられる事実と合致する。

　カメやトカゲの系統では、GSD から TSD が（あるいはその逆が）何度も進化している（Janzen and Paukstis 1991）[3]。このことは、上記で示したような温度による性決定の機構と、性染色体（遺伝子）による性決定の機構とが、比較的容易に相互に変換しうることを示している。最近になってこのことを裏づける現象が、フトアゴヒゲトカゲ *Pogona vitticeps* で報告されている（Quinn et al. 2007)［4］。フトアゴヒゲトカゲは、オーストラリアに固有のアガマ科のトカゲである（口絵7）。本種は飼育が容易であり、日本でもペットとして輸入され、流通している。従来から本種においても、卵を高温で維持するとオスが、低温の場合はメスがより多く生まれるとされている一方で、性染色体が同定されGSDであるとする報告もされている（ZW型の性決定様式）。クイン（A.E. Quinn）ら（2007）［4］の研究では、温度をさまざまに変化させて卵を維持し、生まれた個体の性を判別するという実験を行うと、23～32℃の温度域では性比は1：1に、34℃以上でメス率があがり、35℃以上になるとほぼ100％メスになるという結果が得られている。このことから、フトアゴヒゲトカゲはGSDとTSDの中間型ということができ、低温域では性染色体により、高温域では温度により性決定が行われるということが明らかとなった。この研究から、環境条件によってGSDとTSDの間で比較的容易に相互に変換しやすいことが示唆された。おそらく、他の爬虫類にもGSDとTSDの中間的なものが存在しており、そのため複数の系統でTSDが進化しやすい状況だったのだろう。

8.3　共生・寄生微生物による性の操作

環境要因による性決定は、温度によるものが有名であるが、寄生者（あるいは共生者）であるバクテリアにより性が操作される事例も多く知られている。宿主からすれば寄生者は「環境」つまり外的要因ととらえることもできる。もっともよく知られる「性を操作するバクテリア」は、ボルバキア *Wolbacha pipientis* である。このバクテリアは節足動物を宿主として、さまざまな器官に寄生しており、多種の昆虫においてその性が、ボルバキアの感染により操作されている。性を操作する様式は、以下に述べるように実に多様である（Warren 1997）［5］。もっとも一般的なのは、「細胞質不和合」という現象である。これは、ボルバキアに感染したオスと非感染のメスの間で生まれた卵は発生できなくなってしまう現象で、感染が広がることによりメス比が増大するという結果を招く。また、ボルバキアに感染したオスが死ぬという「オス殺し」や、ボルバキアにオス個体が感染するとメス化してしまう現象も知られる。さらに、ボルバキアに感染したメスは、オスを必要とせずに単為生殖ができるようになるとい

う例も知られる。いずれの場合も、メスの割合を増大させることになる。これはボルバキアにとって非常に適応的な戦略といえる。なぜなら、ボルバキアは卵には感染できるが精子には感染できないため、オスに感染しても子孫に伝わることができない。そのため、効率よくメスのみに感染して伝播するように宿主の性を操作していると考えることができる。

8.4 性特異的形質

　性決定が遺伝的か環境依存的かにかかわらず、雌雄の違い、すなわち性的二型の発現は、「同種内で条件依存的に複数のタイプの表現型が発現する」という意味において、表現型可塑性や表現型多型に共通する点が多い。また、後述するようにどちらかの性に限定して、環境依存的に表現型が変化する例（つまり性的二型と表現型可塑性が混在する場合）もある。そして、性特異的形質の多くは、繁殖に直接あるいは間接的にかかわる形質がほとんどであり、適応度に貢献すると考えられる。そのため性的形質は、その形質をもつ個体ほど適応度が高くなるとダーウィンが最初に提唱した、性選択 sexual selection を経て、進化してきたものであると考えられる。繁殖に直接かかわる繁殖器官・交尾器には、有性生殖を行うほぼすべての動物分類群で雌雄差が生じており、性により差違が表れるもっとも典型的な器官であるといえる。また、発生学的にも胚発生のごく初期に生殖細胞が分化し、生殖腺原基が形成される。その一方、繁殖器官以外の形質、とくに外部形態がどちらかの性（オスの場合が圧倒的に多い）で顕著に発達するものとしては、カブトムシの角やクジャクの尾羽がその好例である。これらの形質は性選択を経て進化したとされる。性選択にはさまざまな過程があるが、主に同性間の競争によるものと、異性間によるものに大別される。カブトムシやシカの角などのように、同種のオス個体同士で繁殖相手をめぐる闘争のために発達する武器形質は前者であり、クジャクの尾羽のようにメスに対してディスプレイするために発達しているような形質は後者である。メスが選択するのは必ずしもディスプレイだけでない。ツヤホソバエの仲間のオスには腹部にブラシ状の突起があり、交尾時にそれでメスを刺激する。メスはこれに応答して配偶者選択をしてきたと考えられている（Eberhard 2001）[6]。な

ぜこのような性特異的形質が進化したかに関しては、配偶者選択の理論に関する仮説がいくつか提唱されている（**Zoom Lens** 配偶者選択の理論）。いずれの仮説も、より健康的で適応的なオスがより多く繁殖の機会を得られるために、これらの形質が進化したとしている。

Zoom Lens | 配偶者選択の理論

性選択には、オス間の闘争に代表される同性内選択 intrasexual selection の他に、異性間選択 inter-sexual selection がある。異性間選択では、オスはメスが示す配偶者選択 mate preference に合わせて形質を進化させる。このような配偶者選択がどのようにして進化してきたかについてはいくつかの説が提出されている。

- **ランナウェイ説**（Fisher 1915）[7]：メスに強い選択性があった場合には、より極端な形質（たとえば鳥の長い尾羽など）をもつオスは、多くの子孫を残す機会に恵まれる。その結果、選択性の強いメスの遺伝子は、より多くの子孫に伝わり、その子孫も選択性が強くなる。この場合、オスの装飾形質（長い尾羽）とその形質に対するメスの好みは、セットとなって集団内に広がることになる。
- **ハンディキャップ説**（Zahavi 1975）[8]：過度に発達したオスの装飾など、一見非適応的にみえる形質の進化を説明する説。オスの示す装飾形質や求愛ダンスなどはコストがかかり、それらを示すためには、その個体は遺伝的に質が高くなければならない。質の低いオスはそれらの装飾や行動を示すことはできない。過剰な形質にかかるコスト、すなわちハンディキャップを背負いそれを積極的に示すことが自己の繁殖の成功につながることになる。
- **指標説**：オスがもつある形質がオス個体の質と相関があるため、配偶者選択の指標として進化したという説。その形質にコストがかからなくても何らかの理由で、遺伝的質とオス形質の間に相関が生じる場合に進化しうる。代表的なものに、パラサイト説（Hamilton and Zuk 1982）[9]があり、寄生虫や病原体に対する抵抗性に関する遺伝子と形質が相関するというものである。

8.5 糞虫の角形質の発生と進化

　昆虫における性的形質については、糞虫であるエンマコガネの仲間での研究が蓄積している。エンマコガネ類（コガネムシ科 *Onthopagus* 属）はオスに闘争のための見事な角をもつ種が多い。この闘争のための角はオスしかもたないが、オスのなかでも変異が大きく、大きく立派な角をもつ個体もいれば、痕跡程度の角しかなくほとんどメスと見分けがつかないものまでいる（この変異の出方も種によりさまざまである）。この変異は遺伝的に決まるのではなく、幼虫時の栄養、すなわち餌であるウシなどの糞の質と量によって決定される表現型可塑性である。さらに、角の大きさは連続的に変化するものもあるが、種によっては一定の体サイズを超えた個体でのみ大きく発達する、すなわち閾値をもつ形質である。つまり、角のサイズが不連続な表現型多型として知られている（Emlen 1994 [10], Moczek and Emlen 2000 [11]）。

　ご存知のとおり糞虫の仲間はウシなどの草食哺乳類の糞をダンゴにして巣穴に蓄え、そこに産卵をする。卵からかえった幼虫はダンゴ状の糞を摂食して成長し、糞ダンゴ中で蛹となる。つまり、母親がつくった糞ダンゴがその個体が成長するための栄養分のすべてということになる。糞がそのフィールドにどの程度存在するか、また糞をした草食哺乳類が何を餌としているかにより、糞ダンゴの量と質は変化しうるため、場合によっては大きな角をもつオス個体になるための栄養が供給されないこともある。糞ダンゴの栄養が十分に与えられたオス幼虫は体サイズも大きく、立派な角を携える。

　コガネムシ科の多くの種でオスに角が形成されるが、すべての場合において、変態を行う前蛹期に大規模な形態形成が起こる。その際に角の外形が形成され、蛹の時期には明確な雌雄差が見て取れるようになる。蛹になる直前の前蛹期には、頭部の角ができる部位に「角原基」と呼ばれる上皮細胞の肥厚がみられ、細胞増殖を繰り返しながらシート状の細胞層が複雑に折りたたまれた構造を次第につくっていく。これが蛹化（変態）の際、幼虫の殻を脱いだ後に伸長することによって角の形態ができあがっていく（Emlen et al. 2006）[12]。この過程は、カブトムシ（Ito et al. 2013）[13] やクワガタムシ（Gotoh et al. 2011）[14] のオスにおいても観察されている。

エンマコガネのオスでは、幼虫期の栄養状態により幼若ホルモン濃度が変動し、変態の前のホルモン感受期に、ある閾値以上のホルモン濃度だと積極的に角形成を行い、それ以下だと角は矮小化する傾向があるようである（Emlen and Nijhout 2001）[15]。また、角ができる部位では、脚などの付属肢が形成される際に使われるツールキット遺伝子（形態形成因子）のいくつかが発現することにより角のパターンが形成されることが報告されている（Moczeck and Nagy 2005）[16]。さらに最近の研究で、われわれヒトで重要な生理機構をになうインスリンが昆虫においてもさまざまな機能をになうことが明らかになってきており、とくに昆虫の体サイズやアロメトリー（相対成長）の調節に有効に働くこと、さらに栄養条件と成長調節を媒介することが明らかになってきている（5.8節参照）。実際に糞虫の幼虫でもインスリン経路においてインスリン受容体の発現量が餌量に応じて調節されており、大きな角のオス個体と小さな角のオス個体とで発現量が異なることなども示されている（Emlen et al. 2012）[17]。

8.6　糞虫における角の二型の適応的意義とトレードオフ

　そもそも、なぜ中間的な大きさの角は生じず、二型になることが多いのだろうか。これにはオスの繁殖戦略が深くかかわっているとされる（Emlen 2000 [18], Moczek and Emlen 2000 [11]）。大きな角をもつオスは、オス間闘争が生じれば高確率で勝利し、交尾相手のメスを獲得することができる。このようなオスはメスを獲得した後も、メスが産卵のためにつくる巣穴の入り口でガードし、他のオスが来たときには、大きな角を用いて競争相手を追い払うことで自分の繁殖を保証している。では、角の小さいオスはどうするのだろうか。闘争しても勝てないので、繁殖を諦めるのだろうか。実は、角の小さいオスはまったく異なる繁殖戦略をとる。小さいオスは「スニーカー（こそ泥という意味）」と呼ばれ、角を用いた闘争はまったくせず、大型オスがガードしている巣穴とは別の穴を掘り、メスを横取りして交尾してしまう（図8.3）。そのため、大きくなれない場合には、中程度の角をもっても大型オスには勝てないため、角形成のコストばかりがかかり、適応的でない。大きくなれないのであれば、角形成をせずにスニーカー戦略をとったほうがより適応的ということになる。こうした理由で中

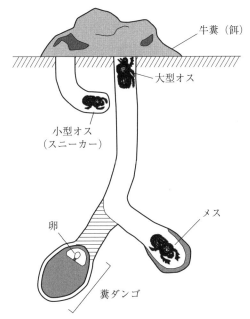

図 8.3 オス糞虫の繁殖戦略
(Emlen DJ : BioScience 50: 403-418, 2000 [18] より改変)

間的な大きさの個体は少なく、二型が生じるのである。

　糞虫やカブトムシなどの多くの種類でオスでは立派な角をつくるが、角形成のコストとはどのようなものなのだろうか。糞虫では、大きな角をもつほど、角が存在している部位に近い付属肢（触角、複眼、翅など）のサイズが小さくなるという報告がある（Emlen 2001）[19]。すでにミジンコの例（第7章）などで述べたように、この場合にも発生における資源をめぐるトレードオフが生じると考えられ、実際に、角の位置と近い部位ほどこのトレードオフは強力である。そしてこのトレードオフが、生活史戦略や生態との間に相互に影響し合うと考えられている。たとえば、夜行性の種では複眼を発達させる必要があるため、進化的に角を獲得しにくいと考えられる。実際に夜行性種では、複眼に近い頭部側面に角を発達させることは少なく、頭部正面や胸部に角をもつことが多い。また、繁殖戦略のうえで飛翔に大きく依存するような種では、胸部の角は発達しにくいようだ。同種であっても、小型のスニーカーのオスは、角を発達させ

ない代わりに、複眼が大きくなり、また行動も敏捷になることが明らかにされている。

8.7 クワガタムシ類にみられる大顎形態の性的二型

　コガネムシ上科クワガタムシ科に属する多くの種でも、配偶者をめぐる闘争のためにオスにのみ大顎が極端に発達していることは多くの人の知るところである。子どもたちの多くがカブトムシやクワガタムシに魅力を感じるのも、大きな角や発達した大顎があるからだろう。カブトムシが頭部と前胸部の背面にある角を発達させる一方、クワガタムシは、口器付属肢のひとつである大顎を異常なまでに伸長させる。口器付属肢には他にも小顎、下唇などがあるが、これらはコガネムシ類特有の特徴があるものの昆虫の基本形態をしており、餌を食べるために主に使われるため、オス特異的な武器形質として伸長したり肥大したりすることはない。しかし、大顎はもはや摂食のために使用することはできないまでに伸長してしまっている。クワガタムシの場合も糞虫同様、幼虫期の餌条件に依存した大顎サイズのバリエーションがみられる。

　クワガタムシは、甲虫目（鞘翅目）コガネムシ上科のクワガタムシ科 Lucanidae に属する昆虫の総称である。クワガタムシ類は東南アジアに広く分布し、日本には30種以上が存在する。この昆虫のグループは東南アジアに集中していて、欧米などではマイナーである（本郷 2012）[20]。そういう意味でも、日本人研究者がクワガタムシを研究対象とするのは意味のあることだと感じている。

　日本にいる代表的なクワガタとしては、オオクワガタ、ヒラタクワガタ、コクワガタ、ノコギリクワガタ、ミヤマクワガタ、ネブトクワガタなどがまずは挙げられるだろう。オオクワガタ、ヒラタクワガタ、コクワガタはオオクワガタ属 *Dorcus* である。この分類群は成長に時間がかかるうえ、成虫も長生きする。ペットとして飼育するには人気の高いクワガタたち（とくにオオクワガタ）であるが、世代時間が長いので発生の研究対象としては適さない。それに対し、ノコギリクワガタやミヤマクワガタは成長も早く、成虫が越冬することはなく、毎年世代交代を行うクワガタである。また、環境による多型も遺伝的な多型も

図 8.4　ノコギリクワガタの大顎多型

多い。クワガタを専門とした図鑑などではほぼ必ず、さまざまなタイプの型（モルフ）がずらりと並べられている。たとえばミヤマクワガタでは、大顎の内歯（大顎の内側のギザギザの歯）のパターンに多型があることが知られ、フジ型やエゾ型などと分類されている。フジ型は東海地方に多くみられ根本に近い第1内歯が長い等の特徴があり、エゾ型は北海道や標高の高い地域にみられ第3内歯が長いなどの特徴が異なっている。この多型は分布域によるため、遺伝的なものである可能性が高いが、明確な根拠は示されていない。その一方で、ミヤマクワガタもノコギリクワガタも、同じ地域であっても、長歯型（大顎型）や短歯型（小歯型）のバリエーションは知られる（図8.4）。この多型はいわゆる表現型可塑性であり、幼虫期の栄養条件の差によるものであることが報告されている。北海道でも7月頃にしかるべき場所に行けば大量のクワガタ成虫が灯火に飛来するため、この時期には大量の個体が入手可能である。そのため研究の対象種としての候補にも考えられたが、研究とくに発生の研究をするためには、世代時間が短く、大顎を伸長する終齢幼虫から蛹の時期がいつでも手に入り、次の世代を容易に手に入れられるという条件が必須である。日本産のミヤマクワガタやノコギリクワガタは成虫になるまでの期間が、他種と比べると比較的短い。とはいえ、これらの種も越冬するため、次の世代を得るためにはかなりの時間がかかる。現在では、日本全国（あるいは世界中かもしれないが）ペットショップに行けば、さまざまな外国産の昆虫類が販売されている。とくにカブトムシやクワガタムシの仲間はいろいろな種が入手可能である。そこで成長が早く世代時間が短い点、そして大顎の多型が顕著に見られる点に着目してクワガタ類を見渡して、研究対象を選んだ。

8.7.1 メタリフェルホソアカクワガタ

われわれは、日本でもペットショップなどを通じて入手可能な、インドネシア産のメタリフェルホソアカクワガタ *Cyclommatus metallifer* を材料に、オスにおける大顎伸長や雌雄差の分子発生学的基盤について研究を行ってきた(Gotoh et al. 2011 [14], 2014 [21])。本種は飼育が容易であり、熱帯産で冬眠しないため世代時間が短く、研究室で再現性よく発生現象を研究するのに適している。また、クワガタムシの仲間のみならず、すべての昆虫種のなかでもっとも長い大顎をもつ種でもある（口絵8：メタリフェルホソアカクワガタ）。クワガタを材料として研究を始めるにあたって、やはりクワガタは研究者以外の愛好家（マニア）が多いので、採集、入手方法、飼育方法などはそちらの情報が無視できない。私の研究室にも、もともとクワガタマニアの学生がたまに入ってくる。当時院生だった後藤寛貴さんは大のクワガタ好きで、彼と相談して研究対象種をメタリフェルホソアカクワガタに決めたのである。

8.7.2 前蛹期の幼若ホルモン濃度が大顎サイズを決める

まずはじめに行ったのは飼育系の確立であるが、これにはすでにマニアの間での飼育方法として定着している、クワガタマットとプラスチックカップ（プリンカップ）使う方法を採用した。次に行うべきは、表現型可塑性の研究であれば何であれ、多型の誘導を人為的に行えるかどうかが研究の進展の鍵を握ることとなる。クワガタの大顎は幼虫期の餌の質と量で決まるので、幼虫を飼育しているプラスチックカップのサイズを変更することで、成虫の大顎サイズに変異を出すことを試みた。市販のプラスチックカップの大小（それぞれ430mLと120mL）にクワガタマットを入れ、そこに3齢幼虫を入れて飼育すると、小カップで飼育したものに比べて大カップによるものでは、3齢幼虫期が長くなり、蛹のサイズが大きくなった。とくに大顎のサイズは体重や体長以上に際立って大きくなることがわかった（Gotoh et al. 2011) [14]。蛹になる直前、幼虫のクチクラは完全に浮いて、あとは脱皮するだけという状況になる（67-68頁の **Zoom Lens** ガットパージについての項を参照）。この時期に蛹を固定してクチクラを剝くと蛹の構造がどのようにできているのかを観察することができる。オスでは、幼虫の大顎の殻の中に蛹の大顎が収まらず、頭部のほうにまで大顎の上

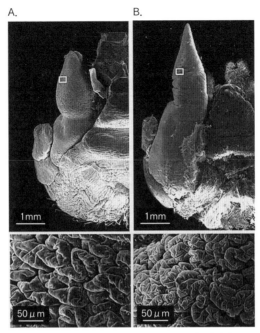

図 8.5 メタリフェルホソアカクワガタの大顎形成
前蛹期の幼虫の大顎内部には複雑に折りたたまれた上皮からなる蛹の大顎が形成されている。大顎の途中にくびれているところまでが幼虫の大顎クチクラ内に収まっている。小型オス（A）に比べ大型オス（B）では、頭部に至るまで大きくはみ出して大顎上皮が伸長している

皮組織がはみ出してきている。とくに大カップで飼育したものでは、幼虫の大顎殻に入っているのは、ごく先端部分だけで、大部分が頭部のほうにはみ出してしまっている。そして大顎上皮は複雑に折りたたまれた皺構造をしており、これが脱皮（蛹化）とともに肥大伸長することで変態が起こる（図8.5）。

　他の昆虫でのさまざまな知見から、大顎サイズを規定するのに幼若ホルモンが何らかの機能をになうことが予測された。そのため、幼虫後期から前蛹期にかけて幼若ホルモンの体液中濃度を測定すると、雌雄によるホルモン濃度に有意差はなかったが、大カップと小カップで飼育したオス間では有意な差が認められた。すなわち、栄養条件がよいと幼若ホルモンも高くなることがわかり、

とくに前蛹期前半の特定の時期が大顎伸長には重要であることが明らかとなった。実際この時期に幼若ホルモン類似体（JHA）を投与すると、体サイズは同じなのに極端に大顎のみが伸長した個体を得ることができる（口絵9：JHA処理により異常に大顎が伸長した蛹、Gotoh et al. 2011 [14]）。幼虫期に投与した場合には蛹化が起こらなくなり、幼虫期が延びることで体サイズ自体も大きくなってしまう。これらの研究から、クワガタの場合でも、幼若ホルモンが栄養条件と表現型を媒介する生理因子として重要な働きをすることが明らかとなった。

8.7.3 *Doublesex* 遺伝子による性的形質の誘導

有性生殖を行う生物で雌雄異体のものであれば、発生の初期に「性決定」というイベントが必ずある。遺伝的な性決定については先に述べたとおりだが、遺伝子型がオスあるいはメスと決定された後には、性決定カスケードと呼ばれる一連の遺伝子発現の連鎖が起こる。この遺伝子発現の連鎖はオスとメスで経路が異なっている。多くの場合において、性決定にかかわる遺伝子は雌雄ともに同じだが、遺伝子からmRNAがつくられる際に、オスとメスで異なる選択的スプライシング（オルタナティブ・スプライシング）が起こる。この性決定カスケードには複数の遺伝子が関与し、動物種によって遺伝子も多様化するが、カスケードの最下流に存在している *doublesex*（*dsx*）という遺伝子は、昆虫類を含む多くの動物群で共通している。そのためいろいろな分類群からクローニングされ、その機能も調べられている。

われわれもメタリフェルホソアカクワガタからこの遺伝子をクローニングすることを試みた。その結果、配列が部分的に異なる4種類のmRNAが単離され、他の動物でも知られるように、このクワガタでも性特異的な選択的スプライシングにより、オス特異的なmRNA（スプライシングの結果できるmRNAの多型をアイソフォームという）と、メス特異的なmRNAがそれぞれ二つずつ存在することが明らかとなった。

本種からの *dsx* 遺伝子の単離および発現動態の検出に成功したため、この遺伝子の機能をRNA干渉（RNAi）法により阻害することで遺伝子機能を推定することが可能となった。RNAiにより、メタリフェルホソアカクワガタの *dsx* 遺伝子の機能が損なわれると、オスでは大顎が小さくなり、メスでは大きくな

A. RNAi 未処理個体　　B. *dsx* の RNAi 個体
　　　JHA 投与　　　　　　　JHA 投与

オス

JHA 投与　　　　　　　　JHA 投与

メス

図 8.6　*dsx* 遺伝子の RNAi 実験と JHA 処理を組合せた実験
メスでは通常 JHA を処理しても大顎伸長は起こらないが、*dsx* の機能を阻害するとメスでも JH に応答して大顎が伸びる

る、つまりいずれの場合もオスとメスの中間型のような形態が誘導された。とはいっても、オスの RNAi 処理個体のほうがメスの RNAi 処理個体より大顎サイズはまだ大きい。ここで、*dsx* 遺伝子の機能を失わせた個体に幼若ホルモン類似体を投与する処理を行ってみた。本来であれば、オスでは大顎長が増長され、メスでは何も起こらないはずである。RNAi 処理個体では、オスの場合はやや大顎が伸長した。これはあまり驚くべきことではない。ところが面白いことに、本来幼若ホルモンに大顎長がまったく応答しないはずのメス個体でも、RNAi 処理を行うと有意に大顎が伸長することが示された（図 8.6；*dsx* の機能を阻害するとメスでも JH に応答して大顎が伸びる）。このことは、性を決定する *dsx* 遺伝子が、幼若ホルモンへの応答性を性特異的に制御することで、前蛹期にオスでは大顎の上皮細胞の細胞分裂を誘導することで伸長を促し、メスでは上皮細胞の増殖が起こらず伸長しないというメカニズムが存在することを示している（Gotoh et al. 2014）[21]。この研究によって、はじめて昆虫における性特異的な形質の発現と幼若ホルモンによる多型制御の接点が明らかになったといえ

よう。

　最近では、クワガタムシ同様に顕著な性的二型を示すカブトムシ *Trypoxylus dichotomus* においても *dsx* 遺伝子が単離され、RNAiにより機能が詳しく調べられている（Ito et al. 2013）[13]。この研究においても、*dsx* 遺伝子の機能を抑制すると、オスでは角が短くなり、メスでは本来もたない短い角が出現するという結果が得られている。同様の結果は糞虫の角の雌雄差においても示されている（Kijimoto et al. 2012）[22]。

8.8　性的形質の進化——クロスセクシャル・トランスファー

　ほとんどの動物において、性的な形質、すなわち性選択がかかることによって性特異的に進化してきた形質は、その性においてのみ、より発達したものとなる場合が多い。あるいはもともと両方の性に生じていた形質であっても、片方の性にリンクした選択がかかれば、その性でのみ大きく発達し、他方では退縮するというケースもみられる。

　ところが、一部の動物において、クロスセクシャル・トランスファー cross-sexual transfer と呼ばれる現象が報告されている（West-Eberhard 2003）[23]。これは、もともとどちらか片方の性でのみ発現していた形質が、もう一方の性でも新たに発現するようになることを指し、進化発生学的にみても大変興味深い。もっともよく知られる例が、ブチハイエナ *Crocuta crocuta* のメスにみられる疑似ペニスである。メスの外部生殖器は外見ではオスのものとほぼ判別ができないほどに酷似しており、胚発生（胎児期）の初期に既に形成されている（Glickman et al. 2006）[24]。この現象はメス体内でも高濃度のアンドロゲンが分泌されていることに起因しており、おそらくハイエナの社会ではメス個体がオスより優位であり、攻撃性もメス個体のほうが高いことと関連があると考えられている（Glickman et al. 1987）[25]。オス様の疑似ペニスをもってはいるがオスと交尾もし、出産もするというから驚きである。

　同様のクロスセクシャル・トランスファーは他の動物でも報告例がある。マイマイガ *Lymantria dispar* のメスの蛹を特定の時期に極端な温度条件下におくと、生殖器および触角がオス様になることが知られている（Goldschmidt

1940)［26］。このような状況がきっかけで種間の相違が生じた、すなわちクロスセクシャル・トランスファーが種分化の起源となった例として知られている。

また、クモ類の出糸突起は、生殖原基に似た構造から発生する。オスが精子を触肢に取り込むためにつくる精子網 sperm web や、メスがつくる卵嚢も糸を使っていることから、これらのためにどちらかの性で進化した出糸突起がクロスセクシャル・トランスファーによってもう一方の性でも発現するようになり、やがて捕食のためにも網をつくるようになったという仮説が提唱されている（Schultz 1987）［27］。つまりクモが糸を吐くように進化したのは、性特異的形質が起源だという説である。

シロアリのカースト分化においてもクロスセクシャル・トランスファーの存在を示唆する実験結果が報告されている。熱帯で非常に繁栄している高等シロアリと呼ばれる派生的なグループ（シロアリ科）では、兵隊カーストが雌雄どちらかの性に限定している場合が多い。たとえば、テングシロアリ属では兵隊カーストはオスのみである。しかし、兵隊へと分化する発生経路はどちらの性でも発現可能であり、人為的に幼若ホルモンを投与すれば、本来出るはずのないメスからでも兵隊カーストを誘導することが可能である（Noirot 1969）［28］。このことは、何らかの生理状態の変化でホルモン濃度あるいはホルモン感受性が変化すれば、性特異的なカースト分化経路であれ、もう一方の性へとスイッチすることが比較的容易であることを示している。こう考えるとこれは温度依存的性決定と似ている現象ともいえる。

とあるテレビ番組の取材で「男性の乳首は役割があるのでしょうか？」というインタビューを受けたことがある。子ども（幼体）を母乳で育てるというのが哺乳類の大きな特徴のひとつであり、哺乳類（哺乳綱）あるいは英語でもmammal（語源のラテン語で「乳房の」の意）と呼ばれる所以でもある。子どもの保育は主としてメス個体が担当しており、母乳を与えるのも母親である。その意味においてはオスの乳首に「役割」はないといっても間違いではないが、では「意味」がないかというと、そういうわけではないだろう。男性も女性も、あるいはオスもメスも、受精したときの性染色体の型で性が決まるが、受精卵は見かけ上は同じであり、そこからの発生過程もほぼすべての動物で雌雄同じ経路をたどる。ではどこで性による形態的な違いが生じるかというと、生殖器

官を含めた泌尿器系が分化するステージ、ヒトでは第一次性徴と呼ばれる時期である。胚の時期の泌尿器系は腎臓から尿管が形成され、生殖腺の近傍にはウォルフ管とミュラー管という二つの管が存在している。男性の場合はウォルフ管という器官が発達して雄性生殖器へと発達する一方、ミュラー管は退縮する。女性では逆にミュラー管が発達して雌性生殖器へと発達し、ウォルフ管は退縮する。これらの分化は生殖腺から分泌されるホルモン（精巣のセルトリ細胞が分泌する抗ミュラー管ホルモン）により制御されている。また、第二次性徴期においては、視床下部からの性腺刺激ホルモン放出ホルモン、脳下垂体からの性腺刺激ホルモンの影響で、精巣・卵巣が発達し、次いでそれらから性ホルモンが分泌されることで、体の各部で雌雄差が顕著になってくる。女性における乳腺の発達をはじめ、形態的な雌雄差も顕著になる。

　男性の乳首すなわち乳頭も、アブラムシの無翅型にみられる翅原基と同じで、デフォルト状態としてはそれほどコストがかからないため雌雄にかかわらず形成される（生殖腺のウォルフ管、ミュラー管と同じ）。また存在していても支障はなく、退縮させるのにはコストが生じるため、デフォルト状態を保ったまま存在しつづけるのであろう。その意味においては、男性の乳首というのは進化発生学的には大変興味深い、痕跡器官のようなものであるといえる（しかし、形態のみではなく、他の皮膚に比べて刺激に敏感だったりするため、今後の進化の過程では男性においても新たな機能を獲得する可能性がないとはいい切れない）。

　本来はメス個体でのみ機能する乳頭という構造が、おそらくは発生学的制約のためにオスでも発現してしまっているこの現象も、一種のクロスセクシャル・トランスファーといってよいのかもしれない。

第9章

氏か育ちか
――生態発生学の応用的側面

9.1 環境要因とヒトとのかかわり

　これまで、私が携わってきた昆虫類を中心とした生態発生学の研究例を紹介してきた。いずれの場合も環境などの外的要因に応じて表現型の発現様式がどのように変化するかといった現象を扱ってきている。われわれの研究対象は昆虫を主としたものであるが、それらの例にみられるような「環境によって表現型・形質が変化する現象」は、昆虫に限ったことではなく、バクテリアからヒトに至るまですべての生物にみられるといってよい。人間においては、「氏か育ちか」と、古くから議論があるところであり、「遺伝か環境か」に関する問題はさまざまな学問分野や教育の場などでも論じられることが多い。

　本章では表現型可塑性研究の応用的側面、とくに人間生活とのかかわりについて述べてみたい。ひとつには、生理活性因子に類似した物質がヒト（あるいは哺乳類全般）の発生において何らかの影響を及ぼしてしまうことにより発生過程が改変されてしまう事例、すなわち催奇性因子と内分泌撹乱物質にまつわる例をいくつかあげる。次に、さまざまな環境要因が人格の発達や教育の過程で与える影響についても考えてみたい。これは哲学、教育学、心理学さらにはスポーツ科学などの分野でもさまざまな議論がなされてきた部分であるが、いろいろな事例をあげながら、私なりに生物学的に考察を施してみたいと思う。

9.2 催奇性因子——胚発生における環境の影響

　エピジェネティック・ランドスケープのところ（第3章）でもすでに述べたが、胚発生の過程はどんな動物でもキャナライズされている。すなわち、決められた発生プログラムをきちんと遂行することで、その動物種に特有の「適応的なボディプラン」をつくり出している。裏を返せば、環境要因などにより胚発生の過程が狂うと非常にまずいことになってしまう。その典型が「奇形」ということになる。近代医学においては、先天性奇形（主に先天性欠損症）は、遺伝的要因（突然変異、染色体異数性、転座）によるものと環境要因（化学物質、ウイルス、放射線、熱など）によるものに分けられ、前者を単に「奇形」、後者を「障害」と呼んでいる。遺伝的変異による奇形ではなく、外界から与えられる「障害を引き起こす要因」は催奇性因子 teratogens と呼ばれる（Gilbert and Epel 2009）[1]。奇形と障害は完全に切り離せるわけではなく、ある遺伝的変異をもつと、特定の化学物質にさらされた場合に障害を生じやすくなるという複合的なパターンもあるだろう。

　基本的に胚発生は、多少の環境変動に対しても安定に発生過程を進められるよう、さまざまな工夫がなされている。たとえば昆虫類をはじめとする多くの無脊椎動物や、陸上生活をする脊椎動物では、卵は卵殻（コリオン）で覆われており、また卵内部には栄養源である卵黄が多量に蓄えられている。あるいは海産無脊椎動物、魚類や両性類などでは、厚いゼリー層などが卵を覆っていて、直接外界に接することのないようにしている。また哺乳類では、有袋類にしろ有胎盤類にしろ、母体が子どもを保育するような構造に進化している。

　しかし、本来守られているべき胚発生期の環境が何らかの要因で攪乱されると、まさにその瞬間に形づくられている個体の構造に直接影響してしまう。妊娠中、とくに妊娠初期の女性が食事や投薬には細心の注意を払い、飲酒や喫煙を控えるべきであることは一般常識である。妊娠3〜8週目の、いわゆる胚期（それ以降は胎児期という）には神経系、循環器系、内臓、四肢、感覚器、生殖器など体のあらゆる部位が形成されるため、主な先天性異常の感受期はこの期間に相当することが多い（Moore et al. 1993）[2]。そのためこの期間は「高感受期」と呼ばれることもある（図9.1）。催奇性因子にはさまざまなものがあるが、

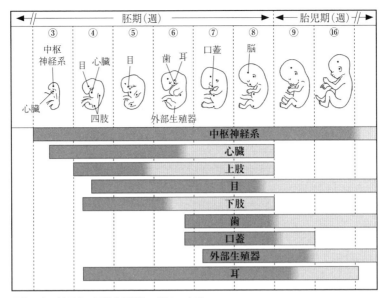

図 9.1　催奇性因子に対するヒト胚の感受期と感受部位（器官）
（スコット F. ギルバート、デイビッド・イーペル：生態進化発生学——エコ－エボ－デボの夜明け、東海大学出版会、2012、p.140 の図 5.2 を改変〔Gilbert SF, Epel D：Ecological developmental biology, Sinauer, 2009［1］；Moore KL et al.：Before we are born, Saunders, 1993［2］］）

病原体によるものや多くの化学物質、そして熱などの物理的要因もあげられる。具体的にその例をみてみよう。

9.2.1　風疹

　病原体による胚や胎児への影響としてよく知られるのが風疹である。風疹はウイルス感染症の一種であり、風疹ウイルスによる急性熱性発疹性疾患を指す。妊娠初期の妊婦が感染した場合、出生児に先天性風疹症候群と称される障害を引き起こすことがある。先天異常の発生は妊娠周期と明確な相関を示す。妊娠12週までの妊娠初期に初感染した場合にもっとも多くみられ、20週を過ぎると障害が出ることは稀である。やはり体の各部位の形成が起こる胚期に相当する。出生児に表れる障害には、白内障、緑内障、色素性網膜症、難聴、心疾患、

などがある。風疹ウイルスは、細胞分裂を正しく進行させるべく細胞周期を調節するリン酸化酵素（キナーゼ）の働きを抑制してしまうので、適切な細胞増殖が阻害され、結果障害を生じることとなる（Atreya et al. 2004）[3]。

　他にもサイトメガロウイルスや単純ヘルペスウイルスなどは、後期の胚に感染すると、視覚や聴覚障害、脳性麻痺、知能障害などを引き起こす。奇形を誘導するバクテリアや原生動物はあまりないが、トキソプラズマ原虫 *Toxoplasma gondii* に母体が感染すると胎盤を経て胎児にも感染し、水頭症、脳内石灰化、視力障害、精神運動機能障害などをともなう先天性トキソプラズマ症になる恐れがある。また、らせん状バクテリアであるスピロヘータの一種・梅毒トレポネーマ *Treponema pallidum* も子宮内感染をする恐れがあり、死産や流産の割合が上がり、聴覚喪失や顔面形成不全を引き起こすこともある。このように妊婦が感染すると胎児にまで影響を与える病原体がいくつかあり、母体が感染した場合には、以下に述べるように薬剤の影響も考えなくてはならないので、さらに治療は困難になる。そのため予防接種などの措置がきわめて重要となってくる。

9.2.2　サリドマイド

　胎児に影響を与える化学物質については、さまざまなものが知られており、妊婦が摂取してはいけない薬剤や嗜好品は多くの医療関係者によって注意喚起されている。ここではそれらのうち代表的なものをあげ、母体内の胎児に具体的にどう影響するのかを簡単に解説する。

　胎児に影響を与える薬剤として悪名高いサリドマイド。1960年代に世界中から薬害問題として注目を浴びた薬剤である。西ドイツで開発されたサリドマイドは、催眠鎮痛剤として多くの妊婦に処方されたが、その新生児に四肢の欠損が生じてしまう確率が有意に増加し、アザラシ肢症あるいはサリドマイド胎芽症と呼ばれた（Lenz 1962）[4]。日本では1958年に睡眠薬「イソミン」として、その翌年には神経性胃炎の薬「プロバンM」としてこの薬品が販売された。その後の疫学調査からサリドマイド胎芽症や胎児死亡などとの因果関係があるとされ、四肢の欠損以外にも、心臓の奇形、聴覚機能を含む耳の障害などを併発することも報告された。そのため1962年には販売が禁止されることになった。

サリドマイドは月経後 34～50 日の間で奇形を引き起こす（Norwack 1965）[5]。そしてこの期間のうち、どの時期に服用するかによって欠失や異常が現れる部位が異なってくる。この感受期は、体の各部位が形成される胎芽期（胚期）にあたるため、最も深刻な障害が表れることになってしまう。

サリドマイドは $C_{13}H_{10}N_2O_4$ の化学式に表される分子構造をもつ。分子の中に一つの不斉炭素原子をもつため鏡像異性体が生じる。鏡像異性体のうち S 型には催奇性があるが、R 型にはないとされている。しかし、R 型もすみやかに S 型に変化しラセミ化してしまうため、これら異性体を分離しても意味はないと考えられている。この薬剤がどのような機構で発生に影響を与えるのかについては、最近になって研究が進んでいる。サリドマイドはセレブロンというタンパク質と結合することで、ユビキチンリガーゼという酵素の働きを阻害する。最終的には線維芽細胞成長因子のひとつ、FGF8 タンパク質の発現が阻害されることで、障害が引き起こされることが明らかとなっている（Ito et al. 2010）[6]。

その一方で最近では、サリドマイドには免疫抑制作用があり、ハンセン病治療薬として効能を発揮することがわかってきており、現在もサリドマイドに関する開発研究は行われつづけている。

9.2.3 重金属

催奇性化学物質の代表的なものには、重金属もあげられる。世界的にももっとも有名な例が水俣病である。水俣病は、人類が生態系に排出した汚染物質が食物連鎖により濃縮されることで引き起こされた初の公害病であることが知られている。水俣病は、日本の熊本県水俣市周辺の八代海沿岸部で 1956 年に発生が確認されており、原因は新日本窒素肥料（現・チッソ）水俣工場が排出した工業廃液中のメチル水銀であることがわかっている。アセチレンからアセトアルデヒドを製造する過程で用いた触媒の硫酸水銀（II）が、何らかの化学反応を経て有機水銀であるメチル水銀へと変換し、廃液とともに外界へ排出された。

この時期に周辺海域で捕獲された魚介類を食べた人は、最初のうちは口や手足にしびれが生じ、重症化すれば歩行困難になることもある。具体的な症状としては、四肢の感覚障害、運動失調、視野狭窄、聴力障害、平衡機能障害、言

語障害などがあげられる。これらのことからメチル水銀は神経系に悪影響を与えることが容易にわかる。成人に対してはこのような神経症状をもたらすが、妊婦が汚染された魚介類を摂食した場合には、当然のごとく胎児に重篤な影響を及ぼす。これは胎児性水俣病、あるいは先天性水俣病として知られる。胎児(新生児)には、脳や眼の欠損などの重大な症状がみられることもあり、寝たきりの重度心身障害児になってしまった例も報告されている。胎児は胎盤を通じてすべての栄養分を摂取しており、その過程でメチル水銀は濃縮されているようである。出生後に関しても、授乳を介してメチル水銀は伝達されるため、母親からの母乳を介した発症例もあったようだ。メチル水銀は、発育中の大脳皮質の特定の領域に蓄積される傾向があることがわかっていたが(Eto 2000 [7], Kondo 2000 [8], Eto et al. 2001 [9])、メチル水銀がどのようにして神経障害や神経系の欠損を引き起こすのか、その詳しい作用機序については不明な部分が多かった。しかし、最近の研究により「グルタミン酸作動性ニューロン」に存在するグルタミン酸受容体を介して、上記のような神経症状が生じてしまうことが明らかとなっている(宮本ら 2005) [10]。実際にグルタミン酸受容体拮抗薬によりメチル水銀の毒性がほぼ完全に抑制されることから、このような障害を引き起こす仕組みについてわかってきた。この結果は、脳の部位特異的に障害が生じることとも合致している。

　胎児に影響を与えた公害病としては水俣病の他に、カドミウムによるイタイイタイ病が有名である。イタイイタイ病は、カドミウムの摂取により引き起こされた多発性近位尿細管機能異常症と軟骨化症を主な特徴とする慢性疾患である。初期症状としては、多尿・頻尿・口渇・多飲・便秘などがあり、病状が進行すると骨量が低下して、歩行することも立ち上がることもできなくなり、寝たきりとなる。容易に骨折などをしてしまい、最終的には腎臓が機能を果たすことができなくなって腎不全となる。重金属であるカドミウムは当然胎児の発達への影響が懸念されている。ヒトにおける知見は少ないが、胎盤を通じて胎児に蓄積してしまう可能性はあり、動物実験では、胚への障害を引き起こす催奇性を発揮することが報告されている(Thompson and Bannigan 2008) [11]。カドミウムは内分泌攪乱物質としても近年報告されている(Ali et al. 2010) [12]。

9.2.4 アルコールとニコチン

妊婦がアルコール摂取を避けなければならないことは、常識となりつつあるが、われわれが認識するよりずっと、アルコールの胎児への影響は重大である。1973年に報告された胎児性アルコール症候群 fetal alcohol syndrome（FAS）は、母親が慢性アルコール中毒であった場合に胎児に現れる重篤な障害で、頭部の小型化、人中（唇上部の溝）や上唇、鼻の形成異常などの徴候がみられる（Jones and Smith 1973）[13]。また、中枢神経系の発育に異常をきたし、知的障害の原因ともなる（May and Gossage 2001）[14]。母親がアルコール中毒でなくても、もっとも感受性の高い時期ではたった1杯のアルコールであっても発育に影響を与えてしまうことが知られている。実験的には、マウス胚が原腸形成期にエタノールにさらされると、ヒトで報告されているのと同様な発達異常がみられる（Sulik et al. 1988）[15]。胎児の頭部の正中線に沿った構造は形成されず、重篤なものでは前脳が欠失してしまう。通常の胚では、脳を形成する神経管背面から神経堤細胞が移動し顔の骨を形成するが、この細胞群の移動がアルコールにより制限されてしまう。また顔面の構造形成に必要とされる *sonic hedgehog* という遺伝子の発現を抑制することによって、各部位の欠損が引き起こされることもわかっている（Chrisman et al. 2004 [16], Aoto et al. 2008 [17]）。さらにアルコールは、活性酸素を発生させ細胞膜を酸化させることで細胞死を引き起こし重要なニューロンを欠失させてしまうことや（Sulik 2005）[18]、細胞接着因子に直接作用して、接着機能を阻害すること（Ramanathan et al. 1996）[19] も報告されており、さまざまな面で胎児の発育に悪影響を及ぼす。

タバコの煙に含まれるニコチンも胎児に悪影響を及ぼす。母親がヘビースモーカーで1日1箱以上喫煙を続けていた場合、非喫煙者の場合と比べ、流産や新生児の死亡率が56％も増加しているというデータもある（Kleinman et al. 1988 [20], Werler 1997 [21]）。ニコチンは、それ自体が、肺や脳においてアセチルコリン受容体と結合してしまい、正常な神経伝達を阻害する（Wickström 2007）[22]。発育中の脳においては、シナプス形成などに異常をもたらすことが明らかになっている（Dwyer et al. 2008）[23]。ニコチンの悪影響は胎児だけでなく、男性の場合には精子の数や運動性を有意に低下させるというデータもある（Kulikauskas et al. 1985 [24], Mak et al. 2000 [25], Shi et al. 2001 [26]）。

9.2.5　催奇性因子に関する情報の蓄積

　胎児の発育に影響を与えるいくつかの薬剤についてその代表例をあげてきたが、これら以外にも、テトラサイクリンなどの抗菌薬や抗ウイルス剤、プラバスタチンなどの抗高脂血症薬、抗がん剤、麻薬、睡眠薬、ワーファリンなどの抗凝固薬、そしてホルモン剤やワクチン類など、妊婦（とくに妊娠初期）には禁忌な薬剤は多数知られている。てんかんの治療に使用される抗けいれん薬のバルプロ酸は、神経伝達物質であるGABAの代謝に影響を与える（具体的にはGABAトランスアミナーゼという酵素の活性を阻害する）ことによりGABA濃度を増加させ、さらにイオンチャンネルをブロックすることにより過剰な神経伝達を抑える薬理作用がある。しかし、胎児においてはさまざまな催奇性を発揮する。たとえば、胚における葉酸（ビタミンB_9）の吸収が阻害されることで、脊椎形成の異常や神経管の欠損が生じてしまう（Finnell et al. 1997）[27]。また、形態形成に重要な働きをする *Pax1* という遺伝子の転写が低下することも知られている（Barnes et al. 1996）[28]。

　レチノイン酸は胎内で合成される物質で、正常な発生、とくに前後軸や顎の形成に必要とされる重要な発生制御因子である。しかし、この分子に似た誘導体が薬剤などに含まれていて、それを妊娠中の女性に投与した場合に、胎児に異常が現れることが知られている（Lammer et al. 1985）[29]。耳や顎、口蓋、大動脈弓、胸腺、そして中枢神経への異常が報告されている。これらの異常は、マウスやラットにレチノイン酸を投与した場合に現れる胚の異常と酷似している（Goulding and Pratt 1986）[30]。レチノイン酸はビタミンAを前駆体として合成されるため、ビタミンAそのものを過剰に摂取した場合でも異常が生じることがある。またビタミンAやその他のレチノイド（レチノイン酸誘導体）はさまざまな薬剤やサプリメントに含まれるため、妊娠の可能性がある場合には使用しないほうがよいだろう。

　上記の化学物質以外にも高熱などの物理的要因も催奇性因子となってしまうこともある。妊娠6カ月までの間に母体で39℃以上の高熱が継続されると、神経管の形成に異常をきたすことがある。本来であれば安定した環境を胎児に提供するはずの母体に、化学物質の投与や高熱などがもたらされると、胎児の発育に多大なる影響が出てしまうことがあることは、（あまり神経質になる必要

はないのかもしれないが）われわれ研究者でなくても知っておく必要があるだろう。海外では、米国の OTIS（Organization of Teratology Information Specialists）やヨーロッパの ENTIS（European Network of Teratology Information Services）などの組織があり、催奇形情報の提供とカウンセリングを行うシステムが構築されている。日本では国立成育医療研究センターに、厚生労働省事業として「妊娠と薬情報センター」が設立され、専門の医師・薬剤師がカウンセリングなどを行っている。

9.3 内分泌攪乱物質

さて、催奇性物質とならんで、動物の表現型発現に影響をもたらす（多くの場合悪影響をもたらす）ものが「内分泌攪乱物質」である。英語では、endocrine disruptor と呼ばれる。環境中に存在する化学物質のうち、生体にホルモン様の作用を与えたり、ホルモンの作用機序を阻害する物質が内分泌攪乱物質とされる。一般的には「内分泌系に影響を及ぼすことにより、生体に障害や有害な影響を引き起こす外因性の化学物質」と定義されている。環境中に存在するホルモン様の物質であることから便宜的に「環境ホルモン」と呼ばれることもある（基礎生物学研究所の井口泰泉教授により命名）。日本内分泌攪乱化学物質学会は、簡単に「環境ホルモン学会」と表記されている（http://www.jsedr.jp/）。

ひとくちに「内分泌攪乱」といってもその作用機序はさまざまである。天然のホルモンの受容体に結合したりすることで、そのホルモンの機能を模倣・促進する「アゴニスト（作用因子）」として働くこともあれば、逆にホルモンが受容体に結合するのを阻止したり、合成を阻害したりする「アンタゴニスト（拮抗因子）」として作用することもある。ジエチルスチルベストロール（DES）はエストロゲン（女性ホルモン）受容体に結合し、エストロゲンの一種であるエストラジオール同様の効果を示すためアゴニストである。一方殺虫剤 DDT の代謝産物である DDE はアンドロゲン（男性ホルモン）受容体に結合することで正常なアンドロゲンの効果を阻害する。この場合はアンタゴニストということになる。

内分泌攪乱物質は、必ずしもホルモン受容体と結合する必要はなく、ホルモ

ンの生合成や代謝（分解）を促進または阻害することによってもホルモン環境をゆさぶる（撹乱する）可能性がある。除草剤のアトラジンは、アロマターゼという酵素を誘導することでエストロゲンの合成を上昇させる。また、体内のホルモン受容体の遺伝子発現にかかわり、受容体の数そのものを増減させることにより撹乱を起こす場合もある。生体にはホルモン濃度を適切に保つフィードバック制御があるが、これを阻害することで体内の生理環境のモニタリングを狂わせることも考えられる。環境省が運営する「化学物質の内分泌かく乱作用に関する情報提供サイト http://www.env.go.jp/chemi/end/」には比較的詳細な説明が載っている。

内分泌撹乱物質は、単なる毒や催奇性物質とは異なり、環境中に存在する何らかの因子が体内の内分泌機構に働きかけることによって、通常では起こらない「遺伝子発現の変化」をもたらし、表現型に不具合を生じさせる。その作用機序自体は、本書で何度も述べてきた、自然界で普通にみられる「環境による表現型可塑性の仕組み」と同じことなのである。以下に環境に存在する物質が、内分泌撹乱物質として作用することで生じたさまざまな例について簡単に紹介しよう。

9.3.1 レチノイド

1990年代後半に、世界各地でカエルの奇形についての報告が相次いだ。最初に報告されたのは北米（アメリカとカナダ南部）で、広範な地域から両性類（カエルとサンショウウオ）の奇形が数多く報告された（Ouellet et al. 1997）[31]。奇形には、後肢の欠損や発育不全、過剰肢が多く、それ以外にも眼の欠損や異所的な形成、心臓や消化管の奇形などもみられた。日本でも同時期に後肢を過剰にもつカエルなどの奇形が報告されている（中村 1999）[32]。現時点でもその原因について明確なことはわかっておらず「エコデボの謎」と呼ばれている（Stocum 2000）[33]。これらの奇形の要因と考えられるものが複数列挙されており、放射線や紫外線、寄生虫の感染なども可能性としてあげられているが、有力な説に、レチノイン酸に似た物質（レチノイドの一種）が外界から与えられることで奇形が生じているのではないかというものがある。先にも述べたようにレチノイン酸は脊椎動物の発生、とくに前後軸や骨の形成に必要とされている。カエ

ルの卵にレチノイン酸を過剰に投与した場合に生じる表現型は、野外で発見される奇形の表現型と非常によく似ている。さらに、ヒキガエル *Bufo andersonii* のオタマジャクシにレチノイドを投与すると尾の再生が阻害されたり（Niazi and Saxena 1978）[34]、フウセンガエル *Uperodon systoma* のオタマジャクシの尾を切断しビタミン A 中を含む溶液中で再生させると尾の部分に肢が生じてしまう（Mohanty-Hejmadi et al. 1992）[35]。レチノイン酸受容体は、変態を促進するホルモンである甲状腺ホルモンの受容体と同じく、核受容体というタイプであることから、レチノイン酸と変態を制御する内分泌機構に何らかの相互作用があるのかもしれない。この現象が化学物質によるものかどうかも確実ではなく、その原因となるものが、催奇性物質なのか、内分泌撹乱物質なのか議論の余地は残されている。いずれにしても人間生活から生じる何かが生物に悪影響をもたらしていることは明らかである。両性類は環境の変化に対する柔軟な可塑性を備えているが、その代償としてこのような撹乱には非常にデリケートなのかもしれない。いい換えれば、環境指標として非常に重要な動物ということができるだろう。

　これ以外にも生態系から内分泌撹乱物質はさまざまに報告されている。人間の文明は生態系にもともと存在しなかった多様な物質を産み出し、それらはさまざまなプラスチック製品や、洗剤、化粧品や殺虫剤など、われわれの生活のなかの至るところに存在している。最近では製品として使用する前に数々の試験（動物試験などを含む）が行われているため、それほど厄介な状況が生じることは少なくなっているだろうが、歴史的にみれば文明の発達にともなって、これら化学物質が環境中へと流出し、内分泌撹乱物質として振る舞うことでヒトをはじめとする生物に悪影響をもたらすこともあったのであろう。

9.3.2　ジクロロジフェニルトリクロロエタン（DDT）

　海洋生物学者のレイチェル・カーソン（R. Carson）の『沈黙の春』（Carson 1962）[36] は、それまであまり知られていなかったジクロロジフェニルトリクロロエタン（DDT）などの農薬や殺虫剤の生態系への影響を訴えた作品である。DDT は開発当初、安価に合成でき少量で効果があり、さらに人体にはまったく無害と思われていたので、すばらしい殺虫剤だとされていた。しかし、

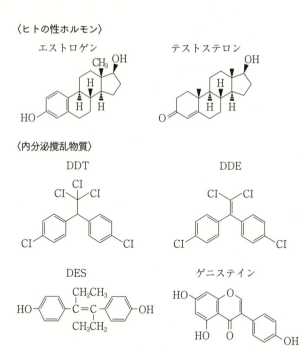

図 9.2　ヒトの性ホルモンと内分泌攪乱物質

　DDT の分解産物である DDE および DDA は非常に安定であるため、環境中に長期にわたり留まり、食物連鎖を経て生物濃縮される。食物連鎖の頂点すなわちトッププレデター（最上位捕食者）である猛禽類や、魚類を食べる海鳥などでは DDT により卵殻がもろくなるなどの弊害を受けた。卵殻の強度が下がると捕食や乾燥への抵抗性が減少してしまうため、絶滅の危機にさらされることになった（Cooke 1973）[37]。DDT 自体はエストロゲンのように、DDE はテストステロンのように生理作用を示すことが明らかとなっており（図9.2）、これらは生体内のホルモンが受容体と結合するのを阻害する（Xu et al. 2006）[38]。

　1990 年代には、DDT の性ホルモン様の攪乱作用によって、野生動物の繁殖にかかわるさまざまな機能低下が報告されている。フロリダのアポプカ湖ではワニのオス個体でペニスの矮小化が起こっている（Guillette et al. 1994）[39]。他にも、メスのワニではエストロゲン濃度が高く、逆にオス個体ではテストステロン濃度が低くなることで、生殖腺や生殖器官の発達に悪影響をもたらし、

ワニの出生率の低下、ひいては個体数の激減に繋がることとなった（Milnes et al. 2008）[40]。

9.3.3　ジエチルスチルベストロール（DES）

　これまで報告されてきた内分泌撹乱物質のなかでは、性ホルモンでありステロイドホルモンでもあるエストロゲンの機能を阻害したり模倣したりするものが多数ある（Brosens and Parker 2003）[41]。エストロゲンは女性ホルモンとして有名だが、それ以外にも骨や結合組織の発達に必須である。エストロゲン様の機能をもつ物質でもっともよく知られる例がジエチルスチルベストロール(DES)である（図9.2）。この薬剤は、1930年代後半から安全な切迫流産防止剤として開発され、更年期障害や不妊症などにも広く処方された薬剤である（Krimsky 2000）[42]。さらに1950年代には家畜の発育促進のために投与されていた。現在は禁止されているが、1970年までの間に百万人以上の胎児がDESの影響を受けたとされている（Knights 1980）[43]。ヒトに対しては、とくに女性への悪影響が大きく、胎児の生殖器発育の異常や、成人してからの乳がんや生殖器のがんのリスクが高まるとされている（Palmer et al. 2006）[44]。男性においても不妊などの影響が報告されている。

　DESがどのようにして生殖器形成などに悪影響を与えるかに関しては細かい研究がされている（Ma et al. 1998）[45]。ヒトをはじめとする哺乳類のメスにおいてはミュラー管から派生する部位が雌性生殖器を形成していく（第8章参照）。この際には、エストロゲンが*HOXA*遺伝子群の発現を誘導することで形態形成が促進されるが、DESはこれらの遺伝子の一部の発現を抑制してしまうので、通常の形態形成がうまくいかない。また形態形成において傍分泌物質として重要な働きをする*Wnt*遺伝子の働きが失われることにより雌性生殖器の正常な発生が損なわれてしまう（Carta and Sassoon 2004）[46]。また、DESなどの内分泌撹乱物質はDNAのメチル化のパターンを変化させることによって遺伝子発現調節などを改変させてしまうことが知られている。これにより、通常の発生過程、生理過程が妨げられるだけではなく、がんなどの腫瘍を引き起こす例も報告されている（Li et al. 2003 [47], Cook et al. 2005 [48]）。

9.3.4 大豆イソフラボン

大豆などに含まれるゲニステインなどのイソフラボン（図9.2）は、エストロゲン様の生理活性をもつことが知られており、その内分泌撹乱作用も着目されてきている（Newbold et al. 2001）[49]。ゲニステインはマウスやカエルでの正常な発生を妨げることが報告されている（Jefferson 2007 [50], Ji et al. 2007 [51]）。その一方で乳がんのリスクを下げる効果も報告されている（Cabanes et al. 2004）[52]。ヒトでの重大な悪影響に関しては具体的な症例報告はないが、男性が大量に摂取した場合には精子の数が減少したという報告がされている（Chavarro et al. 2008）[53]。このように環境中のエストロゲン様物質が、男性の精子数の減少や精子の異常を引き起こすという研究例は他にも報告がある。たとえば、ダイオキシン、ノニルフェノール、ビスフェノールA、アクリルアミドなどは、精巣形態や精子形成の異常をもたらす（Aitken et al. 2004）[54]。またいわゆる新車のにおいであるフタル酸化合物は、精巣形成異常をもたらすことがラットを用いた実験で実証されており（Fisher et al. 2003）[55]、ヒトでも同様の事例が報告されている（Swan et al. 2005）[56]。

これまでの章において、環境に対する応答や可塑性には遺伝的な差違がある場合をいくつも紹介してきたが、内分泌撹乱物質に対する応答に関しても同様のことがいえる。エストロゲンに対する応答では、異なる系統のマウスでは精巣の発達などの影響に差があることが示されている（Spearow 1999）[57]。

9.4　ヒトの発生過程における遺伝的要因と環境要因

「瓜の蔓には茄子はならぬ」「蛙の子は蛙」というように遺伝的要因を主要とすることわざもあれば、「鳶が鷹を生む」といったような環境要因つまり育ちが重要だとする考え方も古くからある。しかし、すでに本書でも述べているように、「氏か育ちか」は一概にどちらかといえる問題ではないところが、この議論の難しいところでもある。そもそも、「遺伝」と「環境」は二律背反なものではなく、遺伝か環境かと対立させて考えること自体に問題があるかもしれない。

生物のもつ表現型が、環境要因に応じてどう変化するかを表したものがリア

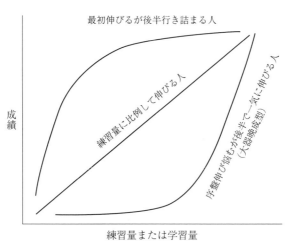

図 9.3　学習量のリアクション・ノーム

クション・ノームであることはすでに述べた（第 3 章）。リアクション・ノームの考え方はそのまま、学習の効率などにもあてはめることができる。たとえば、横軸に学習量や練習量、縦軸に学習の成果や競技結果などをとればリアクション・ノームとなる（図 9.3）。個人によってどのぐらいの学習量や練習量で成績・成果に効果が表れるか変わってくる。少しの練習でうまくなる人、そうでない人、すぐにうまくなっても、ある程度で伸びなくなる人、はじめは効果がなくてもある程度以上の経験を積むと非常に伸びる人（大器晩成型）などがいるのは、読者も経験的に知っていることだろう。ミジンコなどの場合では、リアクション・ノームの違いは遺伝的な差によるものであると説明したが、ヒトの場合には学習能力がきわめて高いうえ、他の環境要因が学習能力に影響を与えることもあるため、能力や技術のリアクション・ノームの場合には少々事情が異なる（紫外線照射量による肌の色などといった単純な形質の場合はミジンコと同様かもしれないが）。ヒトの場合、生まれてからの環境要因によって性格や人格が形成される。学習の効果などに影響を与えると思われる集中力や記憶力などの形成に、すでに環境（生まれてからの経緯、あるいは母体内で受ける環境要因）からの影響を受けているために、学習効果などにみられるリアクション・ノームの差は一概に遺伝的差違ということはできない。その一方で、単純な生理学的応答であれば遺

伝的な差違をみることが可能な場合もあろう。たとえば、筋力トレーニングの量を横軸にとり、縦軸に筋量や挙上できるウェイトの重量などをとれば、筋力のつきやすさなどの遺伝的な相違（たとえば人種による違いなど）を見出すことができるだろう。ヒトの場合には表現型を定量化するのも、その原因が環境因子と遺伝的因子のどちらかを探るのも非常に難しいが、古くから興味がもたれてきたところであり、さまざまな学問分野で「氏か育ちか」というものが扱われている。

9.4.1 生得説と経験説

心理学においても、ヒトのもっている概念、傾向、能力などが、生まれつきのものなのか、生まれてからの経験を通して獲得したものかに関して古くから議論がある。それは生得説 nativism と経験説 empiricism の論争で、現在の心理学においてもまだ議論されることがある。歴史的には、心理学における「氏か育ちか」の議論は、ワトソンとゲゼルの論争が有名である（梅本・大山 1992）[58]。

ワトソン（J. B. Watson）は行動主義を唱えたことで著名であるが、生得的に傾向や能力に差があることは認めず、すべての行動的形質を過去の経験に基づく学習、すなわち環境要因が重要であるとの考え方を示した。その一方で、発達心理学のパイオニアと呼ばれるゲゼル（A. L. Gesell）は、胎児・新生児・乳児・幼児の発達は、環境要因よりも神経系の成熟（つまり生得的な発生過程）が重要であるとする成熟優位説を唱えた。しかしこれに関しても、さまざまな化学物質に曝されると神経系の発達が阻害されることからもわかるように、環境要因がまったく関係ないとはいえないことである。先にも述べたように、ワトソンとゲゼルの立場も相互に排他的なわけではなく、ともに行動傾向の成立には必要なことといえるだろう。

実際に、発達心理学や教育心理学の場においても、遺伝と環境要因の総和により人格が形成されるとするシュテルン（D.N. Sterun）の輻輳説（Stern 1923 [59]、図 9.4）や、着目する性質により環境要因に対する閾値が異なるとするジェンセン（A.R. Jensen）の環境閾値説（Jensen 1969）[60] など、遺伝要因と環境要因が相互に作用し合うとする説が数多く提唱されている。

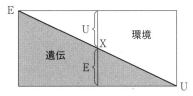

図 9.4 シュテルンの輻輳説
心身の働きは EU 直線上に表れ、E に近づくほど遺伝的要素が、U に近づくほど環境的要素が強くなる。点 X では遺伝と環境の影響が拮抗している

9.4.2 赤ちゃんの反射行動

ヒトの行動においては「学習」すなわち成長の過程での経験に依るものが大きいのは、いわずもがなである。しかし、赤ちゃんが示す「原始反射」と呼ばれる行動は正常に生まれてきた新生児であれば誰もがする反射行動で、小児科医が正常な発達の指標として用いるものもある（小泉 2014）[61]。たとえばルーティング反射あるいは乳探し反射というのは、赤ちゃんの頬を指でつつくとその方を向くような反射を、吸てつ反射は顔が向いたところに突起物があればそれに吸い付く反射をいう。これらの反射は生得的なものだが、刺激を与えてこの行動が生じたときに突起物からブドウ糖を与えるなどの強化を試みると、この反射の生起率が上昇するということも知られている（Siqueland and Lipsitt 1966）[62]。

新生児の反射にはそれ以外にも、モロー反射、パラシュート反射、バビンスキー反射、把握反射、共鳴反射などがある（図 9.5）。いくつかの反射はその適応的意義が不明なものもあるが、赤ちゃんの体を前方に傾けると両腕を前に伸ばして手を開くパラシュート反射は、二足歩行の準備だと考えられている。これらは種類によって、神経の発達とともに出現しては消えていくので、発達の指標とされている。その反射のメカニズムについてはわかっていないことが多いが、脳幹や辺縁系を主に使っているのではないかと考えられている（小泉 2014）[61]。これらの反射行動はプログラムされた生得的な行動ではあるが、環境要因を無視することはできない。なぜなら、これらの反射についても「〜という条件が与えられたとき」、すなわち特定の環境刺激が与えられたときに

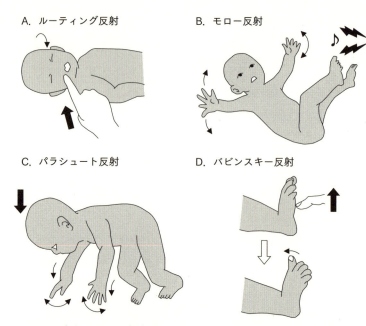

図 9.5 赤ちゃんの反射行動
太矢印や音符は刺激を、細矢印は反射行動を示す
(小泉英明:アインシュタインの逆オメガ—脳の進化から教育を考える、文藝春秋、2014、p132 の図 63 〜 66 [61] を改変)

表れる特定の行動傾向だからである。

9.4.3 遺伝と環境の相互作用による行動傾向の形成

上記のようなことを総合すると、結局、遺伝と環境の相互作用が重要ということになってくるが、遺伝的な要素と環境要因とがどのような機構で結びついて、性格や行動傾向を形成するのかを解明・実証するのは難しいだろう。しかし、最近では、遺伝と環境の相互作用を検証する方法もいくつか報告されている。興味深い例として、モノアミン酸化酵素とかかわるモノアミンオキシダーゼ A (MAOA) 遺伝子の、ヒトの性格や行動傾向の形成への影響があげられる。この遺伝子は、依存症や快楽を経験する能力にかかわる神経伝達物質であるドーパミンの代謝に関与する。この遺伝子の活性型と、幼児期に受けた虐待の経

験が、その後の行動傾向に有意に影響を与えることが示されている。具体的には、この遺伝子の活性が弱く、かつ虐待を受けた経験がある場合には、そうでない場合と比べ有意に攻撃的な行動を起こしていることが報告されている (Caspi et al. 2002) [63]。ヒトが感じる幸福度に関しても、この $MAOA$ 遺伝子や、神経伝達物質であるセロトニン (5-HT) の作用機序にかかわる 5-$HTTLPR$ 遺伝子の型が、関与しているという報告もある (De Neve 2011 [64], Jonassaint et al. 2012 [65])。

いかなる行動の発現においても、環境の影響は必須であるが、行動は脳神経系が支配しているため、遺伝的に決められる神経伝達物質や生理活性物質のタイプや分泌量によって、環境・経験による影響がモディファイされるということもあるだろう。その場合には、単純にA型だとXという行動パターン、B型だとYという行動パターンというだけでなく、ある遺伝子型のときに、こういう環境条件に曝されるとこういう影響が出やすいというように、遺伝子と環境の組合せで行動傾向に影響を与えることが多いのだろう。そして、ある行動傾向に関与する遺伝子も複数あり、影響を与える環境要因も一つとは限らないので、実際には非常に複雑に要因が絡み合って、行動傾向や性格というものを形成していくと考えられる。行動傾向には、反射・本能行動・認知行動・思考などがあるが、一般に、反射や本能行動は遺伝的要因、生得的要因の占める比率が高く、認知行動や思考は経験に依存するところが大きいということができる。

9.4.4　成長期における学習能力と言語獲得

ヒトの行動の場合は、学習による影響が大きいことはすでに述べた。学習とは、経験すなわち環境から受ける情報を記憶し、以後の行動に反映させる過程といってもよいだろう。ボールドウィン効果 (Baldwin 1896) [66] として知られるように、学習能力が高くなる方向に進化が進むということはすなわち、学習能力には遺伝的な要素もかかわってくることを示している。しかし、ヒトの場合は子育てや教育が非常に重要視されることからもわかるように、性格の形成は多少の遺伝的な傾向はあるものの、ほとんどが後胚発生 (つまり誕生してからの過程) で決まることが常識となっている。たとえば一卵性双生児は遺伝的

には同一な組成をもっているにもかかわらず、その性格までがまったく一致することは稀なのではないだろうか。たとえ同一環境で子育てを行ったとしても、双生児同士の間での相互作用がある以上、漫才の一方がボケれば他方がツッコミを入れるように、何らかの分業が生じて分化（と呼ぶのが適切かわからないが）してしまうのではないだろうか。これは、アリなどの社会性昆虫がほぼ均一な閉鎖された巣の中で生育しても、ある個体は繁殖虫（女王）に分化し、またあるものは働きアリ（ワーカー）に分化していることと似ているといえるだろう。

また、言語能力に関しても経験によって獲得および構築されていくが、言語獲得の能力は、ヒトという動物種に生得的に組み込まれており、遺伝的要因も少なからず効いていると考えられている。心理学では、生得的に組み込まれている言語獲得能力を、言語獲得装置(language acquisition device；LAD)と呼ぶ(Chomsky 1965) [67]。そして、LADが作用するためには、母子相互作用としての互いのやりとりの経験が必要とされ、これを言語獲得支援システム（language acquisition support system；LASS）と呼ぶ (Bruner 1981) [68]。胎児が生前から母親の声などに反応することはよく知られ、胎教といわれる胎児への教育も行われている。生後約3カ月からうなり声や喃語を使用するようになり、1歳頃には明確な単語を発音しそれを使い分けるようになる。1歳半頃には複数語からなる文を作文できるようになり、以後急速に言語能力は発達していく（コーエン 2001）[69]。この言語獲得のプロセスは文化や言語によって多少異なるが、おおむね共通した現象である。哲学者でもあり言語学者でもあるチョムスキー (N. Chomsky) が「普遍文法」と呼んだものは、すべてのヒトが（障害がなければ）生まれながらに普遍的にもつ言語機能に共通する文法のことであり（Chomsky 1957 [70]）、すべての言語に共通しているものということができる。

しかしこの言語獲得の過程には「臨界期」が存在すると考えられており、不幸にも人間生活と隔離されてしまった野生児などでは、成長後にある程度の言語能力の獲得が可能ではあるものの、通常の水準からはかなり劣っているようである（カーチス 1992）[71]。これらのことを総合して考えると、ヒトは生まれながらにして言語を獲得する能力を備えてはいるが、両親をはじめとする他人との相互作用（大人と子ども同士の双方）のなかで、生後のしかるべき時期にしかるべき外部入力（環境要因）を受けることで脳内に言語体系が構築されて

いくと考えるのが妥当だろう。もちろん、構築される過程や反復練習の成果（すなわちリアクション・ノーム）は個人差があるものであり、ここには幾分か遺伝的な差違も関係してくるのかもしれない。

これまで何度か「生まれつき」という意味で「生得的」あるいは「先天的」という言葉を用いてきたが、必ずしも「先天的＝遺伝的」ということにはならない。たとえば、出産前に母体が受ける環境要因により生じる生まれつきの特質（先天的性質）は、遺伝的に決定された形質ではなく、環境により誘導された形質なのである。

9.5 環境と疾病

これまではヒトの成長過程、とくに胎児期から幼児期にかけてのことについて述べたが、最後に成人における環境要因と健康状態の関係についても触れておきたい。当然のことであるが、衛生環境が悪ければバクテリアやウイルスに感染する可能性が上昇し病気になりやすい。その一方で、衛生管理されすぎても抵抗力・免疫力がつかず、外的環境に曝されたときに発病してしまうこともあるだろう。いずれの場合にもいえるのは、生体の許容力を超えた劣悪環境は、重篤な疾病を招くということである。

また、うつやトラウマなどの精神疾患も同様で、何らかの環境要因が神経系に悪影響（生理的影響）をもたらすことによって生じるのである。精神疾患には、統合失調症、うつ病、双極性障害、さらにパニック障害などの不安障害や物質関連障害（いわゆる薬物中毒）もある。これらの障害の原因を紐解いてみるとほぼすべての症状で、複合的な環境要因と多少の遺伝的な要因（というより遺伝的傾向といったほうが適切かもしれない）があることがわかる。これらの症状は、病名が異なることからもわかるように医学的にはさまざまに分類されている。その一方、これらの精神疾患においては、ドーパミンやセロトニンといった生体アミンをはじめとする、神経伝達物質の分泌過剰や不足、あるいは伝達経路の阻害などが共通して認められている。そのため、抗精神病薬というものは、これら生体アミンの生成過程や受容機構に作用することで効果が期待されている。

がんを含む生活習慣病は、その多くが日常的な生活環境のなかで接する外来

の物質や、過剰な栄養摂取、運動不足による弊害などが原因となっている。すなわち日常生活のなかでわれわれが受ける環境要因が原因であるということができる。これらの生活環境を改善することで、病気のリスクを低減させることが当然できるわけだが、同じような環境におかれたとしてもすべての人が同じ病気を発症するわけではない。当然、ある物質に曝されたときに病的な状態に陥る人もいれば、何ら影響がない人もいる。そしてそれは、曝露されている期間や濃度などによってさまざまに変化しうる。すなわち環境要因による疾病へのなりやすさも、個人差があるということができる。そしてその個人差についても、単に遺伝的なものだけではなく、その人が胎児の時から成長の過程で遺伝要因と環境要因が複雑に絡み合うなかで構築されてきた生理学的特性の個人差ということができるだろう。

　そもそも多くの動物が有している免疫応答・炎症作用などの生理作用も、環境に対する適応として生物の歴史のなかで進化・獲得されてきた。すなわち環境に対する応答の仕方が、進化（遺伝的に変化）してきたといえるのである。そして、さまざまな化学物質を外部から与える（投与する）ことにより生理状態を変化させて症状の改善にあたる投薬を含め、インプットに対してどう生体が反応するかを熟知したうえでの処置が医学ということになるのだろう。

第10章
表現型可塑性と進化

　本書ではこれまで、生物がその発生過程においてみせる表現型可塑性・表現型多型について、バクテリアからヒトに至るさまざまな例をあげて概説してきた。本章では、この本のまとめとして、これらの可塑性が生物進化に与える影響について考えてみたい。

　可塑性と表現型進化との間には、実は密接な関係がある。本書でも「遺伝か環境か」ということで、さまざまなテーマと事例に触れてきたが、第3章でも述べたように、環境に依存した可塑的表現型発現そのものが遺伝的な影響を受ける場合も数多くみられる。では、「可塑性が進化する」というのはどういうことなのだろうか。また、可塑性が表現型進化に与える影響とはどのようなものなのだろうか。現代の進化論・進化学の祖であるチャールズ・ダーウィン（C. R. Darwin 1802-1882）の時代から、可塑性や環境によって変化する形質は着目されてきて、古くから進化と可塑性の関係について議論されている。そして、多くの生物学者、とくに発生と進化を研究する学者たちがさまざまな仮説を提唱している。本章では、それらのなかから代表的なものをいくつか紹介しよう。

10.1　適応的な可塑性と非適応的な可塑性

　本書で紹介してきた種々の生物にみられる可塑性のほとんどは「適応的な」可塑性であり、その生物にとって有利な方向に形質が可塑的に変化するというものである。しかし可塑性のなかには、必ずしも適応的でないものも含まれる（Sultan 1995）[1]。単に物理化学的な法則に依存するような可塑性もそのひと

つである。しかしそのような、単なる「ゆらぎ」のような可塑性は軽微な変化が多いだろう。そして、このような非適応的な可塑性は、遺伝的にまったく同一な個体間でも出るようなものである。しかし、そうしたなかにも何らかの要因によって遺伝的な差異に「引っかかる」ものが出現すれば、それは「選択」の対象となりうる。このような可塑性が個体にとって有害なものとなったり、コストが生じたりする場合には、すぐに淘汰され、そのような「ゆらぎ」が生じないように修正されてしまうだろう。この過程はキャナリゼーションであり、発生拘束が生じることになるのであろう。

　その一方で適応的な可塑性とは、変化する環境に合致した表現型が「都合よく」生じる場合である。密度が高ければ翅が生えたり（アブラムシの翅多型）、捕食者がいれば角が生えたり（ミジンコの誘導防御）するといったようなものである。進化的にみると、こういった適応的な可塑性はいきなり生じるものではなく、はじめは非適応的だった可塑性が、世代を経るうちに選択を受け、洗練されていった結果、見事に「都合のよい」可塑性を発現することができるようになるのだろう。

10.2　可塑性と多様性

　適応的な可塑性は、進化的に選択を受け獲得されたのだろうが、では可塑性がきっかけとなり種分化につながることがあるのだろうか。これまでにいくつか可塑性が進化あるいは遺伝的な多様性につながったと考えられる事象が知られている。最近報告された例が、ムカデの温度による体節数の変化と種間の体節数のバリエーションである（Vedel et al. 2008）[2]。ジムカデの仲間の *Strigamia maritima* は、胚発生時の温度に依存して可塑的に体節数が増減する（温度が高いと体節数が増える）。興味深いことに、本属の種間を比較すると南方に分布する種ほど体節数が多いという。このことから、祖先種にはあった温度に依存する体節数の可塑性がきっかけとなり、種間の多様性につながった可能性が考えられる。各種間での温度と体節数のリアクション・ノームがどのように変化するのか、系統に即して考察してみると面白いだろう。

　同様なことが、ミジンコの角形態の多様性にもみられる。すでに第7章でも

解説したように、ミジンコ属 *Daphnia* の種間には大きな形態のバリエーションがみられる。とくに頭部の形態は非常に多様である。ネックティース（7.4節）の他にも、頭部に大きく伸びる角や、トサカのような角、あるいはヘルメットと呼ばれる丸みを帯びた構造など、実にさまざまだ。そしてこれらが捕食者に対して示す形態の可塑性も多様である。捕食者の存在にかかわらず頭部に何の防御形態ももたないもの、捕食者がいるときだけ棘や角を生やすもの、捕食者がいないときでも角をもつものなど、である。おそらく祖先種では多少なりとも捕食者に誘導される形態の可塑性をもっており、それがそれぞれの棲息地で異なる選択を受けたことによって、多様な形態を示すミジンコ種へと種分化していったのだろう。実際に同種であっても捕食者が出すカイロモンに応じてリアクション・ノームが異なる事例はすでに述べた（7.9節）。

アブラムシにおいても、6.3節で紹介したように、北海道のエンドウヒゲナガアブラムシ系統は低温短日条件に応答して有性世代を産生するが、南方の系統は低温短日条件下においたとしても応答しなくなってしまっている。この例も、もともともっていた環境に応じた可塑性が、おかれた環境条件に依存して系統ごとに固定化されてしまい、系統間の遺伝的な分化が生じてしまっているのだろう。

これらの例はごく一部であるが、もっとよく調べてみれば、可塑性がきっかけとなって多様性に至ったのではないかと思われる例は、他にもいろいろあるのだろう。

10.3 ダーウィニズムとは

「進化」といえばほとんどの人がダーウィンの名前を思い出すことだろう。つまり、たいていの人がダーウィンの進化論を知っているということだ。しかし、ダーウィンの進化論あるいは進化理論を説明できるかと問えば、これができる人はそれほど多くはないのではないだろうか。ダーウィンが著した『種の起源』（Darwin 1859）[3] は大著であるが、そのなかで述べられた進化理論はいたってシンプルだ。それは「変異 variation」「選択 selection」「遺伝 inheritance」という三つのキーワードを覚えておけば説明できる。生物のある形質

に変異，すなわちバリエーションが生じること，そこに選択（淘汰）がかかること，そしてその形質が次世代に遺伝すること，という3条件を満たせば，その形質は進化しうるということである．

　ちなみに，ここでは「選択」とだけ書いたが，選択には環境条件に適したものの生存率や繁殖成功度が上がる「自然選択 natural selection」の他に，オス間の競争やメスによる配偶者選択による「性選択 sexual selection」もここには含まれる（配偶者選択については第8章参照）．

10.4　ラマルキズム

　「生物は時とともに進化する」ということに，はじめて気づいたのはラマルク（J. B. Lamarck）であるが，その後ダーウィンの『種の起源』により，変異・選択・遺伝によって生物の形質が進化することがうまく説明され，ラマルクの理論は色あせてしまった．ラマルクは，生物の形質の進化を二つの法則で説明しようとした（Lamarck 1809）[4]．すなわち，「環境条件によって表現型は変化しうる（用不用説）」という第1法則と，「獲得形質は遺伝する」という第2法則である．表現型可塑性の例にみてきたように，第1法則は間違ってはいないといえるが，第2法則である「獲得形質の遺伝」は一般的には信じられていない．

　ラマルクが唱えた「獲得形質の遺伝」を否定しようとした実験として有名なのが，アウグスト・ヴァイスマン（A. Weismann 1834-1914）による実験である．ヴァイスマンは，マウスの尾を20世代にわたり切断しても尾が短くならないことをもって，「獲得形質は遺伝しない」とした（Weismann 1889）[5]．しかしこれは人為的に尾を切断したのであって，尾が短くなることに適応的な意味もないため，ラマルキズムを否定したことにはなっていない，という多くの批判を受けることとなった．

　その一方で，可塑性がきっかけとなって適応的な形質が獲得される，という考え方はかなり古くから多くの研究者たちが支持していた（Gulick 1872 [6], Spalding 1873 [7], Baldwin 1896 [8], Morgan 1896 [9], Osborn 1897 [10], Goldschmidt 1940 [11]）．可塑性が進化に寄与してきたということは，ダーウィニズムを否定することではない．むしろ表現型可塑性というものが，表現型の

発現とその変異を拡張することによって、より進化に幅をもたせている、あるいはより滑らかに進化すようにしていると考えるのが妥当ではないだろうか。その意味で、より包括的な進化理論へと発展する可能性を秘めている（Provine 1989 [12], Gould 2002 [13], Gilbert and Epel 2009 [14]）。ごく最近に至るまで、幾人もの進化学者が興味深い説を提出している。そのうちの代表的なものを紹介しよう。

10.5　ボールドウィン効果

　ヒトを含む哺乳類や鳥類などの行動は、学習の影響が非常に大きい。学習とは、出生後に経験することを記憶することで、次に同様な事態に遭遇したときに効率よく行動することができるようになることである。まさに環境要因との相互作用が重要な過程である。とくにヒトの場合は、学習による行動の発達が大きい。学習は経験、すなわち環境から受ける情報を記憶し、以後の行動に反映させる過程であり、学習能力には遺伝的な要素も多少はかかわる可能性がある。

　アメリカの心理学者であるボールドウィン（J. M. Baldwin 1861-1934）は、「ボールドウィン効果」として名高い進化理論を提出している。その理論では、個体の発生は可塑的であり、1世代のうちに環境に適応することができるという考えに基づいている。そして適応した世代は生存率が上昇し、効率よく子孫を残すことが可能となるため、進化の対象となりうるのである。ボールドウィンは、「可塑性の方向性にみられる変異」に自然選択が働くため、可塑性は進化に大きく貢献するだろうと述べた（Baldwin 1902）[15]。彼は、生存率を増加させるような可塑的な能力を「organic selection」、organic selectionの進化への影響を「orthoplasy」と記述した（Baldwin 1896 [8], 1902 [15]）。ボールドウィンは心理学者であったために、彼のいう可塑性とは、行動や学習にフォーカスしたものであったが、この考えは広く可塑的な形質にあてはまるとされている。

　簡単には、学習能力が高くなる方向に進化が進むと解釈すればよいだろう。それは、たとえば反復練習と学習の効果をグラフにとったリアクション・ノームが変化するように進化することであるといえるだろう。基本的には獲得形質

図 10.1　ダチョウの座りダコ
(Waddington CH: The strategy of the genes: A discussion of some aspects of theoretical biology, Allen & Unwin, 1957, p.161 より引用)

は子孫に伝わらないので、学習の内容が子孫に伝わるわけではないが、学習の効率に遺伝的変異があれば、学習効率のリアクション・ノームは進化しうるということなのだ。

10.6　遺伝的同化

　環境により誘導される可塑性が形質の進化につながる例としてもっとも有名なものが、「遺伝的同化」だろう。この現象は、はじめは環境により誘導されていた形質が、世代を経た後には環境の入力がなくても、出現するようになることを指す。この現象をはじめて認めた者として、ワディントン（C. H. Waddington）が有名であるが、シュマルハウゼン（I. I. Schmalhausen）も独立にこの現象を記載している（Schmalhausen 1949 [16], Waddington 1952 [17], 1953 [18]）。遺伝的同化の有名な例が、ダチョウの「座りダコ」だ（図10.1）。ダチョウはご存知のとおり、巨大な飛べない鳥である。ダチョウが休むときは足を曲げ、胴体を地面に接した形をとる。このような体勢を繰り返しとると、地面に接する部分の皮膚が肥厚し「胼胝（タコ）」のようになるため「座りダコ」と呼ばれる。しかし、ダチョウの場合は卵から孵ったばかりの幼鳥の時点ですでにこの座りダコ

図 10.2 遺伝的同化により出現したキイロショウジョウバエの
バイソラックス個体
(Waddington CH：The strategy of the genes: A discussion of some aspects of theoretical biology, Allen & Unwin, 1957, p.174 より引用)

が存在しているという。これは何世代にもわたって地面と接する部分の刺激が繰り返し与えられたため、遺伝的同化により獲得されたと考えられている。同様に、草食に適応したジュゴンの臼歯の形も、植物をすりつぶすのに適したすり鉢状の形が胚発生時にはできあがるという。これも植物を摂食するという環境刺激が、のちに遺伝的なものに取って代わられたのだろうとされている。

ワディントンが遺伝的同化として定義したのは、「それまで環境により誘導された変異が、選択を経て遺伝子型に取って代わられる」現象である。遺伝的同化を示した有名な実験が、熱処理やエーテル蒸気にキイロショウジョウバエ (*Drosophila melanogaster*) の胚を曝す処理によるものである。最初に紹介されたのが、蛹を 40℃ の熱ショックに曝すと成虫の翅の横脈が欠失するという表現型が出現する現象を利用したものである。横脈が欠如した個体同士を掛け合わせ、数世代維持すると、横脈の欠失率が上昇するばかりか、熱ショックに曝さなくても横脈が欠失する個体も生じてくる（Waddington 1953）[18]。

さらにワディントンは、ショウジョウバエの卵をエーテル蒸気に曝して飼育すると後胸が倍化して 4 枚翅のバイソラックスという異常形質を発現することにも着目した。この表現型は、Hox 遺伝子のひとつである *Ubx* 遺伝子の突然変異体として知られるバイソラックス突然変異体とほぼ同様の表現型を示す（図 10.2）。生じた 4 枚翅の個体どうしを繁殖させ卵を採取し、再びエーテル蒸気に曝して発生させる、ということを何世代も繰り返した。すると、29 世代目には、

エーテル蒸気に曝さなくてもバイソラックス個体を生じるようになった（Waddington 1956）[19]。

　これらの実験は一見，ヴァイスマンが行ったネズミの尾を何世代にもわたり切断する実験と似ているようにもみえる。しかし，ヴァイスマンの実験ともっとも異なる点で，遺伝的同化においてもっとも重要な点がある。それは，エーテル蒸気に曝した個体で4枚翅になる個体を「選択」して交尾させ次世代の卵を産ませている，という点である。ヴァイスマンの実験では，短い尾になるネズミを選択しているわけではなく，実験に処した個体の尾をすべて切断して次世代を産ませているだけで，何の選択もかけていないことになる。つまり「環境への応答性」にかかわる遺伝的な要素が選択されることで，応答現象が強化され，入力なしにも誘導形質が発現するようになったということである。

10.7　表現型順応が遺伝的順応をリードする

　最近になって，発生の可塑性の進化学的な重要性について多くの研究者が注目している。なかでもウエスト・エバーハード（M. J. West-Eberhard）の説は説得力があり，各方面で取り上げられている（West-Eberhard 2003 [20], 2005 [21]）。彼女は，環境入力による表現型の可塑性，とくにこれまでになかったような状況に陥ったときに生じる新規の形質の誘導を「表現型順応 phenotypic accommodation」と呼んでいる。表現型順応の例としてあげられるのが，四足動物の直立歩行だ。たとえば，ポリオの感染により前肢が麻痺してしまったチャクマヒヒ *Papio ursinus* のメス個体は，非常にうまく2足歩行を行う（West-Eberhard 2003）[20]。また前肢に生涯があるヤギの例も報告されている（Slijper 1942）[22]。このヤギは生まれながらに前肢を使って歩行することができず，ヒヒの例と同様に後肢のみで歩行することができた。運悪くこのヤギは事故で死んでしまうが，その後この2本足のヤギの体を詳細に解剖してみると，後肢と骨盤の骨格と，その周辺の筋肉，胸骨，そして腱の構造が通常のヤギとは大きく異なっていることが報告されている。そして驚くべきことに，これらの構造は2本足で生活する，カンガルーやオランウータンの骨格や筋肉に酷似していたのである。このような表現型順応は，ヒトも含めた2足歩行動物が2本足

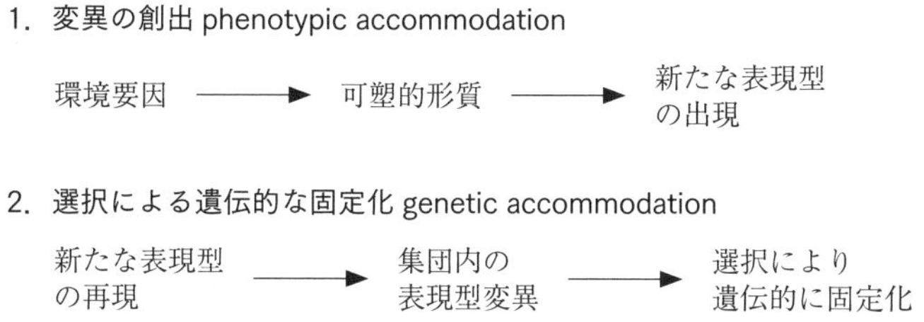

1. 変異の創出 phenotypic accommodation

環境要因 ―――→ 可塑的形質 ―――→ 新たな表現型の出現

2. 選択による遺伝的な固定化 genetic accommodation

新たな表現型の再現 ―――→ 集団内の表現型変異 ―――→ 選択により遺伝的に固定化

図 10.3　West-Eberhard の進化仮説
環境条件の変化により、表現型が可塑的に変化することで、新たな表現型が生じる（1. 表現型順応）。そして、その表現型の発現様式に遺伝的変異がある集団に選択がかかることで、その表現型が遺伝的に固定される（2. 遺伝的順応）

での歩行を獲得した初期には似たような状況があり、その後の遺伝的同化によって固定化したものだとも考えられる（Marks 1989）[23]。

　ウエスト・エバーハードはこのような環境の変化による新規な形質の誘導、すなわち表現型順応が環境条件により繰り返し誘導されると、その形質が世代を超えて選択を受けることとなるため、集団中に遺伝的に固定される、としている。彼女は、選択により遺伝的に固定される過程を遺伝的順応 genetic accommodation と呼んでいる（West-Eberhard 2003）[20]。この遺伝的順応は、先に述べた遺伝的同化とほぼ同義である。後にも述べるように、遺伝的順応は可塑性が増大されるような場合も含まれるので、遺伝的順応は遺伝的同化を拡張したもの、あるいは遺伝的同化は遺伝的順応の一部と考えるのが妥当である。ウエスト・エバーハードの説を要約すると、環境入力による新規形質の誘導（表現型順応）→形質誘導の世代を超えた再現→選択による遺伝的な固定化（遺伝的順応）、ということになる（図 10.3）。

　この説で示されたような過程を、実際に実験的に誘導し進化現象を説明したのが Suzuki and Nijhout (2006) [24] の仕事である。彼らはタバコスズメガ *Manduca sexuta* を使って非常に興味深い実験を行った。タバコスズメガの幼虫は美しい緑色をしているが、黒色の突然変異体が知られている。この黒色変異体は熱処理（42℃、6時間）を与えると、完全ではないが野生型の緑色に戻ることが知られる。彼らは熱処理という環境条件により誘導される色の変化に着目し、色の変化の仕方に人為選択をかけることによって、熱処理による色彩変

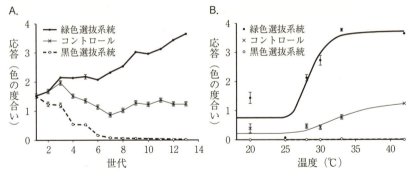

図 10.4 タバコスズメガの表現型可塑性に対する選択実験
　　　　熱処理への体色変化の応答性に選択をかけ 13 世代飼育すると、応答（色）の
　　　　違いが明確になり（A）、リアクション・ノームも大きく変化する（B）
　　　　　　　　　　　(Suzuki Y, Nijhout HF：Science 311: 650-652, 2006 [24] より改変)

化の可塑性がどのように進化するのかを実験した。選択には、緑色へと変化した個体を選抜する多型系統（緑色選抜系統）、黒色のまま変化しないものを選抜する単型系統（黒色選抜系統）、そしてランダムに個体を選抜するコントロール系統の三つの系統を設定した。この人為選択を繰り返した結果、13世代目には明瞭な可塑性（リアクション・ノーム）の差が生じた（図10.4）。緑色個体を選抜した系統では熱処理に対する緑色化の程度も大きく（より鮮やかに緑色になる）、温度変化に対するリアクション・ノームもダイナミックに変化していた。一方で、黒色個体を選抜した系統では、熱処理にかかわらず黒色のまま変化しない系統になってしまっていた。

　さらに彼らは、熱処理と色の変化を媒介する因子として、幼若ホルモンが有効に働いていることを結紮実験とホルモン投与実験で明快に示している。結紮をして熱処理をすると、幼若ホルモンがいき渡らない胴体部分では緑色化が起きないこと、黒色系統であっても幼若ホルモン類似体の投与により緑色化が誘導できること、緑色を選抜した系統では熱処理を加えると有意に体液中の幼若ホルモン濃度が上昇することを示している。これらのことから、色の変化による人為選抜の標的は、体液中の幼若ホルモン濃度だったことが強く示唆される。そしてこの人為選択により、緑色選抜系統では、熱処理による色の変化つまり可塑性が増大する方向に進化が起こり、黒色選抜系統では可塑性が消失する方

向に進化が起こったと考えられる。いずれの場合も、熱処理という環境要因に誘導された表現型順応が繰り返し起こり、ここに選択がかかることで遺伝的順応（遺伝的同化）が起こったと解釈することができる。

10.8　表現型統合

　表現型統合 phenotypic integration という考え方がある（Schlichting 1989 [25], Pigliucci 2003 [26], Murren 2012 [27]）。というよりも、そういう現象があるといったほうが妥当かもしれない。ある表現型のもつ形質の間は無関係ではなく、関連があり、その表現型を示す生物個体として統合が保たれているという、いわば当たり前のことである。たとえば、糞虫のオスにおいて大きな角が生じれば、角に投資が集中することで、複眼のサイズが小さくなる（8.6節参照）。一方で、ミジンコの捕食者は、ミジンコの頭部にネックティースや角を誘導するが、同時に尾刺も伸長させる。前者の場合はトレードオフによって一方が小さくなれば他方が大きくなるような調節、後者は協調して大きくなることで適応的な意義を発揮する場合である。いずれの場合も、発生過程において部位間が適切に協調して発生することで生物個体として「うまくやっていける」ようになっている。キリンの首が長くなるということに選択がかかったり、カメの甲羅が進化するような選択がかかりこれらの形質が変化した場合にも、首や甲羅という選択の標的となる部位以外の部位も適度に協調して変化することが必要である。同様に、ヒトが直立２足歩行する場合にも、２本足のヤギの例にみたように、さまざまな部位が協調して変化することで個体として、適応的な表現型を発揮するようになっている。このような調節機構は、胚でもみられる。有名な調節卵は割球の一部が取り除かれても、残された細胞が相補して完全な一個体をつくる。

　これらのことは、いい換えれば、第２章で述べた「モジュール性」に加えて、モジュール間の連携機構も生物には備わっており、個体の生存や進化のうえで重要な役割を果たすということだろう。こうした「統合（連携）」は、各部位を連携させる、内分泌や神経系をはじめとするさまざまな生理機構により成立すると考えられる。こうしたことを考えると、ある特定の部位に着目して形質

の可塑性や進化を考えることももちろん重要だが、その表現型をもつ個体の統合ということも頭の片隅においておかなくてはならない。そのためには、やはり生態学的意義や生活史戦略などの状況も考える必要があるだろう。

10.9 表現型可塑性と進化可能性

最後に、可塑性とその進化可能性 evolvability について考えてみたい。本章ではいろいろな事象と、進化発生学者たちが提唱してきたさまざまな説について概説してきた。これまでみてきたように、可塑性がきっかけとなった進化というのは、それなりに起こりうることなのではないかと考えられる。このことは別に、「獲得形質の遺伝」をそのままに信奉するものでも、完全に否定するものでもない。環境により誘導されるような形質が、あくまでも選択すなわち遺伝的な過程を通して子孫に伝わるため、環境に誘導された変異が遺伝的な変異につながるというもので、ラマルキズムとダーウィニズムを融合したようなものということができよう。最近は DNA やヒストンのメチル化などエピジェネティックな機構による遺伝現象も知られている。このような DNA の配列に依存しないが、環境条件によって遺伝的な要素を修飾する機構が、非遺伝的な変異と遺伝的な変異の橋渡しをしている可能性も十分あるだろう。

また、熱ショックタンパクのひとつである Hsp90 の例に知られるように、生物には有害な突然変異がたとえ生じても、正常な発生経路をたどれるように修正する性質（恒常性を維持する機構）が備わっている。熱ショックタンパクの場合には、生命現象を揺さぶるようなストレスが与えられときに他のタンパクと結合することにより、タンパク質が変性してしまうのを防ぐことでこれを行う。このような機構があると、ゲノム上に変異が蓄積されることになり、何らかの要因により、抑制効果が外れてしまうような状況になると一気に変異が生じ、進化につながるというものである。このような機構あるいは分子を進化促進因子 evolutionary capacitor という（Rutherford and Lindquist 1998）[28]。

近年、カーシュナー（M. Kirschner）とゲルハルト（J. Gerhart）は、「促進的変異理論」という進化仮説を著した（Kirschner and Gerhart 1998, [29] 2005 [30]）。生物には、コア・プロセスという保存された生物過程があるが、これを基本と

する探索的かつ頑強な適応が、突然変異による致死性を引き下げる進化促進因子として働くことで、遺伝的変異を蓄積し、最終的には表現型の変化をともなう進化可能性を高めるとするものである。ここでも、保存されてはいるが環境を許容し可塑的に適応する過程が強調されている。

　形質あるいは表現型が進化する際には、何らかの前提条件があり、それが適応度を高めるうえで好条件である場合には、選択により進化すると考えられる。この前提条件を、前適応 preadaptation, exaptation という。たとえば集団で生活する社会性昆虫が「社会性」を獲得するには、閉鎖された空間で血縁個体が集団生活をするという性質が、前適応となったことが考えられる。進化は漸進的に起こるのか（漸進説）、不連続的にも起こりうるのか（断続平衡説；Eldredge and Gould 1972 [31]）、いまだ議論の余地を残すところではあるが、生物のもつ柔軟な可塑性は進化の速度を促進することに寄与しているのかもしれない。

参考文献

☆第1章 生態・発生・進化をどう理解するか
[1] 日本生態学会：生態学入門. 東京化学同人, 2004
[2] Odum EP：*Fundamentals of ecology*. Saunders, Philadelphia, 1953（E・P・オダム著, 京都大学生態学研究グループ訳：生態学の基礎, 1956, 朝倉書店）
[3] 嶋田正和, 山村則男, 粕谷英一, 伊藤嘉昭：動物生態学 新版. 廻游舎, 2005
[4] Dobzhansky T：Nothing in biology makes any sense except in the light of evolution. *Am Biol Teacher 35*: 125-129, 1973
[5] Hall BK：*Evolutionary developmental biology*. Kluwer Academic Publishers, 1999（ブライアン・K・ホール著, 倉谷 滋訳：進化発生学—ボディプランと動物の起源, 工作舎, 2001）
[6] Carroll SB, Grenier JK, et al.：*From DNA to diversity: Molecular genetics and the evolution of animal design*. Blackwell Publishing, 2001（Sean B. Carrollほか著, 上野直人ほか監訳：DNAから解き明かされる形づくりと進化の不思議, 羊土社, 2002）
[7] Gilbert SF：Ecological developmental biology: Developmenal biology meets the real world. *Dev Biol 233(1)*: 1-12, 2001
[8] Robinson GE：Integrative animal behaviour and sociogenomics. *Trends Ecol Evol 14(5)*: 202-205, 1999

☆第2章 分子生物学と進化発生学の発展
[1] Liang P, Pardee AB：Differential display of eukaryotic messenger RNA by means of the polymerase chain reaction. *Science 257(5072)*: 967-971, 1992
[2] Metzker ML：Sequencing technologies: the next generation. *Nat Rev Genet 11(1)*: 31-46, 2010
[3] Wang Z, Gerstein M et al.：RNA-Seq: A revolutionary tool for transcriptomics. *Nat Rev Genet 10(1)*: 57-63, 2009
[4] Mahmood-ur-Rahman, Ali I et al.：RNA interference: The story of gene silencing in plants and humans. *Biotechnol Adv 26(3)*: 202-209, 2008
[5] Miles CM, Wayne M：Quantitative trait locus (QTL) analysis. *Nat Education 1(1)*: 208, 2008
[6] 城石俊彦, 真下知士：進化するゲノム編集技術. NTS, 2015
[7] Hall BK：*Evolutionary developmental biology*. Chapman & Hall, 1998.
[8] 倉谷 滋：動物進化形態学. 東京大学出版会, 2004
[9] Carroll SB, Grenier JK, et al.：*From DNA to diversity: Molecular genetics and the evolution of animal design*, Second edition. Blackwell Publishing, 2004
[10] Gilbert SF：*Developmental biology*, Tenth edition. Sinauer, 2013（阿形清和, 高橋淑子訳：ギルバード発生生物学 第10版, メディカルサイエンスインターナショナル, 2015）

[11] Reilly S, Wiley E et al.：An integrative approach to heterochrony: the distinction between intraspecific and interspecific phenomenon. *Biol J Linn Soc 60(1)*: 119-143, 1997

☆第3章　生態発生学の幕開け

[1] Gilbert SF：*Developmental biology*, Tenth edition. Sinauer, 2013（阿形清和，高橋淑子訳：ギルバード発生生物学　第10版，メディカルサイエンスインターナショナル，2015）

[2] Gilbert SF：Ecological developmental biology: Developmental biology meets the real world. *Dev Biol 233(1)*: 1-12, 2001

[3] Woltereck R：Weitere experimentelle Untersuchungen über Artveränderung, speziell über das Wesen quantitativer Artunderscheide bei Daphniden. *Versuch Deutsch Zool Ges 19*: 110-173, 1909

[4] West-Eberhard MJ：*Developmental plasticity and evolution*. Oxford, 2003

[5] 本多久夫：遺伝子に書かれている設計図とは何か．関村利朗，野路澄晴，森田利仁編：生物の形の多様性と進化─遺伝子から生態系まで，裳華房，2003, p.13-24

[6] Dorkins R：*The extended phenotype*. Oxford University Press, 1982（リチャード・ドーキンス著，日高敏隆，遠藤知二，遠藤　彰訳：延長された表現型─自然淘汰の単位としての遺伝子，紀伊國屋書店，1987）

[7] Baldwin JM：*Development and evolution*. Macmillan, 1902

[8] Goldschmidt RB：*The material basis of evolution*. Yale University Press, 1940

[9] Schmalhausen II：*Factors of evolution*. Blakiston, 1949

[10] Adler FR, Harvell CD：Inducible defenses phenotypic variability, and biotic environments. *Trends Ecol Evol 5(12)*: 407-410, 1990

[11] Palmer AR：Adaptive value of shell variation in *Thais lamellosa*: Effect of thick shells on vulnerability to and preference by crabs. *Veliger 27(4)*: 349-356, 1985

[12] Lively CM：Predator-induced shell dimorphism in the acorn barnacle *Chthamalus anisopoma*. *Evolution 40(2)*: 232-242, 1986

[13] McCollum SA, Van Buskirk J：Costs and benefits of a predator-induced polyphenism in the gray treeflog *Hyla chrysoscelis*. *Evolution 50(2)*: 583-593

[14] Warkentin KM：How do embryos assess risk? Vibrational cues in predator-induced hatching of red-eyed treefrogs. *Anim Behav 70(1)*: 59-71, 2005

[15] Greene E：A diet-induced developmental polymorphism in a caterpillar. *Science 243(4891)*: 643-646, 1989

[16] Pener MP：Locust phase polymorphism and its endocrine relations. *Adv Insect Physiol 3*: 1-79, 1991

[17] 前野ウルド浩太郎：孤独なバッタが群れるとき．東海大学出版会，2012

[18] Woodward DE, Murray JD：On the effect of temperature-dependent sex determination on sex ratio and survivorship in crocodilians. *Proc R Soc Lond B 252*

(1334): 149-155, 1993
[19] Gilbert SF, Epel D：*Ecological develomental biology: Integrating epigenetics, medicine, and evolution*. Sinauer, 2009（スコット・F・ギルバート，デイビッド・イーペル著，正木進三，竹田真木生，田中誠二訳：生態進化発生学――エコ‐エボ‐デボの夜明け，東海大学出版会，2012）
[20] Murdoch C, Wibbels T：Dmrt1 expression in response to estrogen treatment in a reptile with temperature-dependent sex determination. *J Exp Zool B Mol Dev Evol 306 (2)*: 134-139, 2006
[21] Warner RR：Deferred reproduction as a response to sexual selection in a coral reef fish: A test of the life historical consequence. *Evolution 38(1)*: 148-162, 1984
[22] Godwin J, Sawby R, et al.：Hypothalamic arginine vasotocin mRNA abundance variation across sexes and with sex change in a coral reef fish. Brain Behav *Evol 55(2)*: 77-84, 2000
[23] Godwin J, Luckenbach JA, et al.：Ecology meets endocrinology: Environmental sex determination in fishes. *Evol Dev 5(1)*: 40-49, 2003
[24] Emlen DJ, Nijhout HF：The development and evolution of exaggerated morphologies in insects. *Annu Rev Entomol 45*: 661-708, 2000
[25] Emlen DJ：Costs and the diversification of exaggerated animal structures. *Science 291(5508)*: 1534-1536, 2001
[26] Emlen DJ：Integrating development with evolution: A case study with beetle horns. *BioScience 50(5)*: 403-418, 2000
[27] Emlen DJ, Nijhout HF：Hormonal control of male horn length dimorphism in *Onthophagus taurus* (Coleoptera: Scarabeidae): A second critical period of sensitivity to juvenile hormone. *J Insect Physiol 47(9)*: 1045-1054, 2001
[28] Emlen DJ, Szafran Q, et al.：Insulin signaling and limb-patterning: Candidate pathways for the origin and evolutionary diversification of beetle 'horns'. *Heredity 97*: 179-191, 2006
[29] MacIntosh BR, Gardiner PH, et al.：*Skeletal muscle: Form and function*, Second edition. Human Kinetics, 2006
[30] Hoppeler H, Baum O, et al.：Molecular mechainisms of muscle plasticity with exercise. *Compr Physiol 1(3)*: 1383-1412, 2011
[31] Teixeira CE, Duarte JA：Myonuclear domain in skeletal muscle fibers. A critical reviw. *Arch Exerc Health Dis 2(2)*: 92-101, 2011
[32] Kadi F, Eriksson A, et al.：Cellular adaptation of the trapezius muscle in strength-trained athletes. *Histochem Cell Biol 111(3)*: 189-195, 1999
[33] Harrison BC, Allen DL, et al.：Skeletal muscle adaptations to microgravity exposure in the mouse. *J Appl Physiol 95(6)*: 2462-2470, 2003
[34] Inobe M, Inobe I, et al.：Effects of microgravity on myogenic factor expressions during postnatal development of rat skeletal muscle. *J Appl Physiol 92(5)*: 1936-1942,

2002

[35] Nikawa T, Ishidoh K, et al.：Skeletal muscle gene expression in space-flown rats. *FASEB J 18(3)*: 522-524, 2004

[36] Morey ER, Baylink DJ：Inhibition of bone formation during space flight. *Science 22(4361)*: 1138-1141, 1978

[37] Meyer A：Phenotypic plasticity and heterochrony in *Cichlasoma managues* (Pisces, Cichlidae) and their implications for speciation in cichrid fishes. *Evolution 41 (6)*: 1357-1369, 1987

[38] Tang GH, Rabie ABM, et al.：Indian hedgehog: A mechanotransduction mediator in condylar cartilage. *J Dent Res 83(5)*: 434-438, 2004

[39] Moss ML：The functional matrix hypothesis revisited. IV. The epigenetic antithesis and the resolving synthesis. *Am J Orthod Dentofacial Orthop 112(4)*: 410-417, 1997

[40] Nijhout HF：Development and evolution of adaptive polyphenisms. *Evol Dev 5(1)*: 9-18, 2003

[41] Shapiro AM：Photoperiodic induction of vernal phenotype in *Pieris protodice* Boisduval and Le Conta (Lepidoptera: Pieridae). *Wasmann J Biol 26*: 137-149, 1968

[42] Miura T：Developmental regulation of caste-specific characters in social-insect polyphenism. *Evol Dev 7(2)*: 122-129, 2005

[43] Waddington CH：*The strategy of the genes: A discussion of some aspects of theoretical biology*. Allen & Unwin, 1957

☆第4章　社会性昆虫シロアリの社会行動とカースト多型

[1] Hamilton WD：The genetical evolution of social behaviour. I. *J Theor Biol 7*: 1-16, 1964

[2] Heath H：Caste formation in the termite genus *Termopsis*. *J Morphol 43(2)*: 387-425, 1927

[3] Castle GB：The damp-wood termites of western United States, genus *Zootermopsis* (formerly Termopsis). In: Kofoid CA (Ed.): *Termites and termite control*, 2nd edition, University of California Press, Berkeley, 1934, p.273-310

[4] Hare L：Caste determination and differentiation with special references to the genus *Reticulitermes* (Isoptera). *J Morphol 56(2)*: 267-293, 1934

[5] Miller EM：Caste differentiation in the lower termites. In: Krishna K, Weesner FM (Eds.): *Biology of termites I*, Academic Press, 1969, p.283-310

[6] Noirot C：Formation of castes in the higher termites. In: Krishna K, Weesner FM (Eds.): *Biology of termites I*, Academic Press, 1969, p.311-350

[7] Roisin Y：Diversity and evolution of caste patterns. In: Abe T, Bignell DE, Higashi M (Eds.): *Termites: Evolution, sociality, symbioses, ecology*, Kluwer, 2000, p.95-119

[8] 三浦 徹：シロアリの社会制御とカースト分化．遺伝別冊 16: 43-50, 2003

[9] 安間繁樹：カリマンタンの動物たち．日経サイエンス社，1995
[10] 松本忠夫：社会性昆虫の生態—シロアリとアリの生物学．培風館，1983
[11] Wilson EO：The effects of complex social life on evolution and biodiversity. *Oikos 63(1)*: 13-18, 1992
[12] Watt AD, Stork NE, et al.：Impact of forest loss and regeneration on insect abundnce and diversity. In: Watt AD, Hunter（Eds.）: *Forests and insects*, Chapman & Hall, 1997, p.273-286
[13] Kambhampati S, Eggleton P：Taxonomy and phylogeny of termites. In: Abe T, Bignell DE, Higashi M（Eds.）: *Termites: evolution, sociality, symbioses, ecology*, Kluwer, 2000, p.1-23
[14] 安部琢哉：シロアリの生態—熱帯の生態学入門．東京大学出版会，1989
[15] Lawton JH, Bignell DE, et al.：Biodiversity inventories, indicator taxa and effects of habitat modification in tropical forest. *Nature 391(6662)*: 72-76, 1998
[16] Collins NM：Termite populations and their role in litter removal in Malaysian rain forests. In: Sutton SL, Whitmore TC, Chadwick AC（Eds.）: Tropical rain forest: *Ecology and management*, Blackwell, 1983, p.311-325
[17] Heming BS：*Insect development and evolution*. Cornell University Press, 2003
[18] Sehnal F, Svacha P, et al.：Evolution of insect metamorphosis. In: Gilbert LI, Tata JR, Atkinson BG（Eds.）: *Metamorphosis: Postembryonic reprogramming of gene expression in amphibian and insect cells*, Academic Press, 1996, p.3-58
[19] Lo N, Engel MS, et al.：Save Isoptera: A comment on Inward et al. *Biol Lett 3(5)*: 562-563, 2007
[20] Watanabe H, Noda H, et al.：A cellulase gene of termite origin. *Nature 394(6691)*: 330-331, 1998
[21] Tokuda G, Watanabe H：Hidden cellulatses in termites: Revision of an old hypothesis. *Biol Lett 3(3)*: 336-339, 2007
[22] Hungate RE：Experiments on the nutrition of *Zootermopsis*. III. The anaerobic carbohydrate dissimilation by the intestinal protozoa. *Ecology 20(2)*: 230-245, 1939
[23] 北出 理：シロアリ共生鞭毛虫の特徴と宿主の関係．原生動物学雑誌 40: 101-112, 2007
[24] 本郷裕一：シロアリ腸内共生微生物群集の多様性と役割．吉村 剛ほか編：シロアリの事典，海青社，2012
[25] 板倉修司：シロアリ—微生物共生系における新しい展開．木材保存 29: 42-52, 2003
[26] Michener CD：Comparative social behavior of bees. *Annu Rev Entomol 14*: 299-342, 1969
[27] 松本忠夫：日本における社会性昆虫の進化生態学．松本忠夫，東 正剛編：社会性昆虫の進化生態学，海游舎，1993
[28] 辻 和希：真社会性動物発見ラッシュの後で．生物科学 51: 1-9, 1999
[29] Noirot C：Caste differentiation in Isoptera: Basic features, role of pheromones.

Ethol Ecol *Evol 3 (supple 1)*: 3-7, 1991
[30] 三浦 徹：コウグンシロアリの分業システム．昆虫と自然 35: 4-7, 2000
[31] Watkins JFI : *The identification and distribution of new world army ants (Dorylinae: Formicidae)*. Markham Press Fund of Baylor University Press Waco, Texas, 1976
[32] Rettenmeyer CW, Rettenmeyer ME, et al. : The largest animal association centered on one species: The army ant *Eciton burchellii* and its more than 300 associates. *Insectes Soc 58(3)*: 281-292, 2011
[33] Miura T, Matsumoto T : Foraging organization of the open-air processional lichen-feeding termite *Hospitalitermes* (Isoptera, Termitidae) in Borneo. *Insectes Soc 45(1)*: 17-32, 1998
[34] Jander R, Daumer K : Guide-line and gravity orientation of blind termites foraging in the open (Termitidae: Macrotermes, Hospitalitermes). *Insectes Soc 21(1)*: 45-69, 1974
[35] Karlson P, Luscher M : 'Pheromones': A new term for a class of biologically active substances. *Nature 183(4653)*: 55-56, 1959
[36] Warnecke F, Lüginbuhl P, et al. : Metagenomic and functional analysis of hindgut microbiota of a wood-feeding higher termite. *Nature 450(7169)*: 560-565, 2007
[37] Tokuda G, Tsuboi Y, et al. : Metabolomic profiling of ^{13}C-labelled cellulose digestion in a lower termite: insights into gut symbiont function. *Proc R Soc Lond B 281(1789)*: 20140990, 2014
[38] Foman RTT : Canopy lichens with blue-green algae: A nitrogen source in a Colombian rain forest. *Ecology 56(5)*: 1176-1184, 1975
[39] Miura T, Matsumoto T : Diet and nest material of the processional termite *Hospitalitermes*, and cohabitation of *Termes* (Isoptera, Termitidae) on Borneo Island. *Insectes Soc 44(3)*: 267-275, 1997
[40] Miura T, Matsumoto T : Worker polymorphism and division of labor in the foraging behavior of the black marching termite *Hospitalitermes medioflavus*, on Borneo Island. *Naturwissenschaften 82(12)*: 564-567, 1995
[41] Miura T, Roisin Y, Matsumoto T : Developmental pathways and polyethism of neuter castes in the processional nasute termite *Hospitalitermes medioflavus* (Isoptera: Termitidae). *Zool Sci 15(6)*: 843-848, 1998

☆第5章　カースト分化の発生機構
[1] Ogino K, Hirono Y, et al. : Juvenile hormone analogue, S-31183, causes a high level induction of presoldier differentiation in the Japanese damp-wood termite. *Zool Sci 10(2)*: 361-366, 1993
[2] Roisin Y : Diversity and evolution of caste patterns. In: Abe T, Bignell DE, Higashi M (Eds.): *Termites: Evolution, sociality, symbioses, ecology*, Kluwer, 2000, p.95-119
[3] Thompson GJ, Kitade O, et al. : Phylogenetic evidence for a single, ancestral origin

of a 'true' worker caste in termites. *J Evol Biol* 13(6): 869-881, 2000
[4] Legendre F, Whiting MF, et al.：Phylogenetic analyses of termite post-embryonic sequences illuminate caste and developmental pathway evolution. *Evol Dev* 15(2): 146-157, 2013
[5] Miura T, Hirono Y, et al.：Caste developmental system of the Japanese damp-wood termite *Hodotermopsis japopnica* (Isoptera: Termopsidae). *Ecol Res* 15(1): 83-92, 2000
[6] Miura T, Koshikawa S, et al.：Comparative studies on alate wing formation in two related species of rotten-wood termites: *Hodotermopsis sjostedti* and *Zootermopsis nevadensis* (Isoptera, Termopsidae). *Insectes Soc* 51(3): 247-252, 2004
[7] Koshikawa S, Matsumoto T, et al.：Regressive molt in the Japanese damp-wood termite *Hodotermopsis japonica* (Isoptera: Termopsidae). *Sociobiology* 38(3): 495-500, 2001
[8] Takematsu Y：A taxonomic revision of the Japanese termites from a chemical approach by the cuticular hydrocarbon analysis (Isoptera). PhD thesis, Kyushu Universtiy, 1996
[9] 園部治之, 長澤寛道：脱皮と変態の生物学―昆虫と甲殻類のホルモン作用の謎を追う. 東海大学出版会, 2011
[10] Cornette R, Matsumoto T, et al.：Histological analysis of fat body development and molting events during soldier differentiation in the damp-wood termite, *Hodotermopsis sjostedti* (Isoptera, Termopsidae). *Zool Sci* 24(11): 1066-1074, 2007
[11] Koshikawa S, Matsumoto T, et al.：Mandibular morphogenesis during soldier differentiation in the damp-wood termite *Hodotermopsis sjoestedti* (Isoptera: Termopsidae). *Naturwissenschaften* 90(4): 180-184, 2003
[12] Koshikawa S, Matsumoto T, et al.：Morphometric changes during soldier differentiation of the damp-wood termite *Hodotermopsis japonica* (Isoptera, Termopsidae). *Insectes Soc* 49(3): 245-250, 2002
[13] Sugime Y, Ogawa K, Watanabe D, Shimoji H, Koshikawa S, Miura T：Expansion of presoldier cuticle contributes to head elongation during soldier differentiation in termites. *Sci Nat* 102(11-12): 71, 2015
[14] Toga K, Saiki R, et al.：Hox gene deformed is likely involved in mandibular regression during presoldier differentiation in the nasute termite *Nasutitermes takasagoensis*. *J Exp Zool B Mol Dev Evol* 320(6): 385-392, 2013
[15] Miura T, Matsumoto T：Soldier morphogenesis in a nasute termite: Discrovery of a disk-like structure forming a soldier nasus. *Proc R Soc Lond B* 267(1449): 1185-1189, 2000
[16] Emlen DJ, Nijhout HF：Hormonal control of male horn length dimorphism in *Onthophagus taurus* (Coleoptera: Scarabaeidae): A second critical period of sensitivitiy to juvenile hormone. *J Insect Physiol* 47(9): 1045-1054, 2001
[17] Shinoda T, Itoyama K：Juvenile hormone acid methyltransferase: A key retulatory

enzyme for insect metamorphosis. *Proc Natl Acad Sci U S A 100(21)*: 11986-11991, 2003

[18] Lüscher M : Experimentelle Erzeugung von Soldaten bei der Termite *Kalotermes flavicollis* (Fabr.). *Naturwissenschaften 45(3)*: 69-70, 1958

[19] Nijhout HF, Wheeler DE : Juvenile hormone and the physiological basis of insect polymorphisms. *Q Rev Biol 57(2)*: 109-133, 1982

[20] Cornette R, Gotoh H, et al. : Juvenile hormone titers and caste differentiation in the damp-wood termite *Hodotermopsis sjostedti* (Isoptera, Termopsidae). *J Insect Physiol 54 (6)*: 922-930, 2008

[21] Scharf ME, Buckspan CE, et al. : Regulation of polyphenic caste differentiation in the termite *Reticulitermes flavipes* by interaction of intrinsic and extrinsic factors. *J Exp Biol 210(Pt24)*: 4390-4398, 2007

[22] Wu Q, Brown MR : Signaling and function of insulin-like peptides in insects. *Annu Rev Entomol 51*: 1-24, 2006

[23] Brogiolo W, Stocker H, et al. : An evolutionary conserved function of the *Drosophila* insulin receptor and insulin-like peptides in growth control. *Curr Biol 11(4)*: 213-221, 2001

[24] Singleton AW, Das J, et al. : The temporal requirements for insulin signaling during development in *Drosophila*. *PLoS Biol 3(9)*: 1607-1617, 2005

[25] Emlen DJ, Szafran Q, et al. : Insulin signaling and limb-patterning: Candidate pahtways for the origin and evolutionary diversification of beetle "horns." *Heredity 97*: 179-191, 2006

[26] Hattori A, Sugime Y, et al. : Soldier morphogenesis in the damp-wood termite is regulated by the insulin signaling pathway. *J Exp Zool B Mol Dev Evol 320(5)*: 295-306, 2013

[27] Toga K, Hojo M, et al. : Expression and function of a limb-patterning gene *Distal-less* in the soldier-specific morphogenesis in the nasute termite *Nasutitermes takasagoensis*. *Evol Dev 14(3)*: 286-295, 2012

[28] Lüscher M : Die Produktion und Eliminatino von Ersatzgeschlechtstieren bei der Termite *Kalotermes flavicollis* Fabr. *Z Vergleich Physiol 34(2)*: 123-141, 1952

[29] Lüscher M : Social control of polymorphisms in termites. *R Entomol Soc Lond Symp 1*: 57-67, 1961

[30] Watanabe D, Gotoh H, et al. : Social interactions affecting caste development through physiological actions in termites. *Front Physiol 5*: 127, 2014

[31] Karlson P, Lüscher M : 'Phermones': A new term for a class of biologically active substances. *Nature 183(4653)*: 55-56, 1959

[32] Matruura K, Himuro C, et al. : Identification of a pheromone regulating caste differentiation in termites. *Proc Natl Acad Sci U S A 107(29)*: 12963-12968, 2010

[33] Tarver MR, Schmelz EA, et al. : Effects of soldier-derived terpens on solider caste

differentiation in the termite *Reticulitermes flavipes*. *J Chem Ecol* 35(2): 256-264, 2009
[34] Watanabe D, Gotoh H, et al.: Soldier presence suppresses presoldier differentiation through a rapid decrease of JH in the termite *Reticulitermes speratus*. *J Insect Physiol* 57(6): 791-795, 2011
[35] Seeley TD: *The wisdom of the hive*. Harvard University Press, Cambridge, 1995 (トーマス・D・シーリー著, 長野 敬, 松香光夫訳, : ミツバチの知恵—ミツバチコロニーの社会生理学, 青土社, 1998)
[36] Johnson BR, Lynksvayer TA: Deconstructing the superorganism: social physiology, groundplans, and sociogenomics. *Q Rev Biol* 85(1): 57-79, 2010
[37] Robinson GE: Integrative animal behaviour and sociogenomics. *Trends Ecol Evol* 14(5): 202-205, 1999
[38] Robinson GE, Grozinger CM, et al.: Sociogenomics: Social life in molecular terms. *Nat Rev Genet* 6(4): 257-270, 2005
[39] Ben-Shahar Y, Robichon A, et al.: Behavior influenced by gene action across different time scales on behavior. *Science* 296(5568): 741-744, 2002
[40] Sokolowski MB: *Drosophila*: genetics meets behaviour. *Nat Rev Genet* 2(11): 879-890, 2001
[41] Fujiwara M, Sengupta P, et al.: Regulation of body size and behavioural state of *C. elegans* by sensory perception and the EGL-4 cGMP-dependent protein kinase. *Neuron* 36(6): 1091-1102, 2002
[42] Carew TJ: *Behavioral Neurobiology: The cellular organization of natural behavior*. Sinauer, 2000
[43] Haesler S, Wada K, et al.: *FoxP2* expression in avian vocal learners and non-learners. *J Neurosci* 24(13): 3164-3175, 2004
[44] Teramitsu I, Kudo LC, et al.: Parallel *FoxP1* and *FoxP2* expression in songbird and human brain predicts functinal interaction. *J Neurosci* 24(13): 3152-3163, 2004
[45] Liégeois F, Baldeweg T, et al.: Language fMRI abnormalities associated with *FOXP2* gene mutation. *Nat Neurosci* 6(11): 1230-1237, 1999
[46] Mello CV, Vicario DS, et al.: Song presentation induces gene expression in the songbird forebrain. *Proc Natl Acad Sci U S A* 89(15): 6818-6822, 1992
[47] Meaney MJ: Maternal care, gene expression, and the transmission of individual differences in stress rectivity across generations. *Annu Rev Neurosci* 24: 1161-1192, 2001
[48] Suomi SJ: Genetic and environmental factors influencing the expression of impulsive aggression and serotonergic functioning in rhesus monkeys. In: Tremblay RE, Hartup WW, Archer J (Eds.): *Developmental origins of aggression*, Guilford Press, 2004, p.63-82
[49] Caspi A, Sugden K, et al.: Influence of life stress on depression: Moderation by a polymorphism in the 5-HTT gene. *Science* 301(5631): 386-389, 2003

[50] Hariri AR, Mattay VS, et al.: Serotonin transporter genetic variation and the response of the human amygdala. *Science 297(5580)*: 400-403, 2002
[51] White SA, Nguyen T, et al.: Social regulation of gonadotropin-releasing hormone. *J Exp Biol 205(Pt17)*: 2567-2581, 2002
[52] Hofmann HA, Benson ME, et al.: Social status regulates growth rate: Consequences for life-history strategies. *Proc Natl Acad Sci U S A 96(24)*: 14171-14176, 1999
[53] Huber R, Smith K, et al.: Serotonin and aggressive motivation in crustaceans: Altering the decision to retreat. *Proc Natl Acad Sci U S A 94(11)*: 5939-5942, 1997
[54] Yeh SR, Fricke RA, et al.: The effect of social experience on serotonergic modulation of the escape circuit of crayfish. *Science 271(5247)*: 366-369, 1996
[55] Amdam GV, Norberg K, et al.: Reproductive ground plan may mediate colony-level selection effects on individual foraging behavior in honey bees. *Proc Natl Acad Sci U S A 101(31)*: 11350-11355, 2004
[56] West-Eberhard MJ: Wasp societies as microcosms for the study of development and evolution. In: Turillazzi S, West-Eberhard MJ (Eds.): *Natural history and evolution of paper wasp*, Oxford University Press, 1996, p.290-317

☆第6章　アブラムシの表現型多型
[1] 本多健一郎：多型性．石川 統編：アブラムシの生物学，第12章，東京大学出版会，2000, p.251-275
[2] Ishikawa A, Hongo S, et al.: Morphological and histological examination of polyphenic wing formation in the pea aphid *Acyrthosiphon pisum* (Hemiptera, Hexapoda). *Zoomorphology 127(2)*: 121-133, 2008
[3] Ishikawa A, Miura T: Morphological differences between wing morphs of two Macrosiphini aphid species, *Acyrthosiphon pisum* and *Megoura crassicauda* (Hemiptera, Aphididae). *Sociobiology 50(3)*: 881-893, 2007
[4] Gilbert SF: *Developmental biology*, Tenth edition. Sinauer, 2013（阿形清和，高橋淑子訳：ギルバード発生生物学 第10版，メディカルサイエンスインターナショナル，2015）
[5] Sameshima S, Miura T, et al.: Wing disc development during caste differentiation in the ant *Pheidole megacephala* (Hymenoptera: Formicidae). *Evol Dev 6(5)*: 336-341, 2004
[6] Gotoh A, Sameshima S, et al.: Apoptotic wing degeneration and formation of an altruism-regulating glandular appendage (gemma) in the ponerine ant *Diacamma* sp. from Japan (Hymenoptera, Formicidae, Ponerinae). *Dev Genes Evol 215(2)*: 69-77, 2005
[7] Toga K, Yoda S, et al.: The TUNEL assay suggests mandibular regression by programmed cell death during presoldier differentiation in the nasute termite *Nasutitermes takasagoensis*. *Naturwissenschaften 98(9)*: 801-806, 2011

[8] Kobayashi M, Ishikawa H : Breakdown of indirect flight muscles of alate aphids (*Acyrthosiphon pisum*) in relation to their flight, feeding and reproductive behavior. *J Insect Physiol 39(7)*: 549-554, 1993

[9] Ishikawa A, Miura T : Differential regulations of wing and ovarian development and heterochronic changes of embryogenesis between morphs in wing polyphenism of the vetch aphid. *Evol Dev 11(6)*:680-688, 2009

[10] Ogawa K, Miura T : Aphid polyphenisms: trans-generational developmental regulation through viviparity. *Front Phisiol 5*: 1, 2014

[11] Brisson JA, Davis GK, et al. : Common genome-wide transcription patterns underlying the wing polyphenism and polymorphism in the pea aphid (*Acyrthosiphon pisum*). *Evol Dev 9(4)*: 338-346, 2007

[12] Brisson JA, Ishikawa A, et al. : Wing development genes of the pea aphid and differential gene expression between winged and unwinged morphs. *Insect Mol Biol 19 (suppl 2)*: 63-73, 2010

[13] Ishikawa A, Ogawa K, et al. : Juvenile hormone titire and related gene expression during the change of reproductive modes in the pea aphid. *Insect Mol Biol 12(1)*: 49-60, 2012a

[14] Ishikawa A, Ishikawa Y, et al. : Screening of up-regulated genes induced by high density in the vetch aphid *Megoura crassicauda*. *J Exp Zool A Ecol Genet Physiol 317 (3)*: 194-203, 2012b

[15] Walsh TK, Brisson JA, et al. : A functional DNA methylation system in the pea aphid, *Acyrthosiphon pisum*. *Insect Mol Biol 19 (suppl 2)*: 215-228, 2010

[16] Kanbe T, Akimoto S : Allelic and genotypic diversity in long-term asexual populations of the pea aphid, *Acyrthosiphon pisum* in comparison with sexual populations. *Mol Ecol 18(5)*: 801-816, 2009

[17] Westerlund SA, Hoffmann KH : Rapid quantification of juvenile hormones and their metabolites in insect haemolymph by liquid chromatography-mass spectrometry (LC-MS). *Anal Bioanal Chem 379(3)*: 540-543, 2004

[18] Waddington CH : Genetic assimilation of an acquired character. *Evolution 7(2)*: 118-126, 1953

[19] West-Eberhard MJ : *Developmental plasticity and evolution*. Oxford, 2003

[20] Blackman RL : Reproduction, cytogenetics and development. In: Minks AK, Harrewijn P (Eds.): *Aphids: Their biology, natural enemies and control*. Elsevier, 1987, p.163-195

[21] Miura T, Braendle C, et al. : A comparison of parthenogenetic and sexual embryogenesis of the pea aphid *Acyrthosiphon pisum* (Hemiptera: Aphidoidea). *J Exp Zool B Mol Dev Evol 295(1)*: 59-81, 2003

[22] Braendle C, Miura T, et al. : Developmental origin and evolution of bacteriocytes in the aphid-*Buchnera* symbiosis. *PLoS Biol 1(1)*: 70-76, 2003

[23] 石川 統：共生微生物．石川 統編：アブラムシの生物学, 第10章, 東京大学出版会, 2000, p.208-229
[24] 青木重幸：社会性．石川 統編：アブラムシの生物学, 第15章, 東京大学出版会, 2000, p.309-329
[25] Stern DL, Forster WA：The evolution of sociality in aphids. Biol Rev 71(1): 27-79, 1996
[26] 新垣則雄：カンシャワタアブラムシのコロニー防衛．インセクタリウム 27: 76-81, 1990
[27] 黒須詩子：ツノアブラムシのゴールと社会性．生物科学 51：73-84, 1999
[28] 柴尾晴信ほか：警報フェロモンを出して援軍を頼む―真社会性アブラムシの化学物質を介した兵隊の動員システム．化学と生物 43: 4-6, 2005
[29] Aoki S, Kurosu U：Soldiers of *Astegopteryx styraci* (Homoptera, Aphidoidea) clean their gall. *Jpn J Ent 57(2)*: 407-416, 1989
[30] Kutsukake M, Shibao H, et al.：Venomous protease of aphid soldier for colony defense. *Proc Natl Acad Sci U S A 101(31)*: 11338-11343, 2004
[31] Kurosu U, Aoki S, et al.：Self-sacrificing gall repair by aphid nymphs. *Proc R Soc Lond B 270(suppl 1)*: S12-14, 2003
[32] Kutsukake M, Shibao H, et al.：Scab formation and wound healing of plant tissue by soldier aphid. *Proc R Soc B 276(1662)*: 1555-1563, 2009
[33] The International Aphid Genomics Consortium (2010) Genome sequence of the pea aphid *Acyrthosiphon pisum*. *PLoS Biol 8(2)*: e1000313

☆第7章　ミジンコの誘導防御
[1] 花里孝幸：ミジンコ―その生態と湖沼環境問題．名古屋大学出版会, 1998
[2] Claus C：Zur Kenntniss der Organisation und des firneren Raves der Daphniden und verwandter Cladoceran. *Z wiss Zool 27*: 362-402, 1876
[3] Kotov AA, Boikova OS：Study of the late embryogenesis of *Daphnia* (Anomopoda, 'Cladocera', Branchiopoda) and a comparison of development in Anomopoda and Ctenopoda. *Hydrobiologia 442(1)*: 127-143, 2001
[4] Woltereck R：Weitere experimentelle Untersuchungen über Artveranderung, speziell über das Wesen quantitativer Artunderscheide bei Daphniden.*Versuch Deutsch Zool Ges 19*: 110-172, 1909
[5] Dodson S：Predator-induced reaction norms. *BioScience 39(7)*: 447-452, 1989
[6] Imai M, Naraki Y, et al.：Elaborate regulations of the predator-induced polyphenism in the water flea *Daphnia pulex*: Kairomone-sensitive periods and life-history tradeoffs. *J Exp Zool A Ecol Genet Physiol 311(10)*: 788-795, 2009
[7] Brown WL Jr, Eisner T, et al.：Allomones and kairomones: Transspecific chemical messengers. *BioScience 20(1)*: 21-22, 1970
[8] Miyakawa H, Imai M, et al.：Gene up-regulation in response to predator kairomones

in the water flea, *Daphnia pulex. BMC Dev Biol 10*: 45, 2010

[9] Miyakawa H, Gotoh H, et al.：Effect of juvenoids on predator-induced polyphenism in the water flea, *Daphnia pulex. J Exp Zool A Ecol Genet Physiol 319(8)*: 440-450, 2013a

[10] Miyakawa H, Sugimoto N, et al.：Intra-specific variations in reaction norms of predator-induced polyphenism in the water flea *Daphnia pulex. Ecol Res 30(4)*: 705-713, 2015

[11] Olmstead AW, Leblanc GA：Juvenoid hormone methyl farnesoate is a sex determinant in the crustacean *Daphnia magna. J Exp Zool 293(7)*: 736-739, 2002

[12] Olmstead AW, Leblanc GA：Insecticidal juvenile hormone analogs stimulate the production of male offspring in the crustacean Daphnia magna. *Environ Health Perspect 111(7)*: 919-992, 2003

[13] Tatarazako N, Oda S, et al.：Juvenile hormone agonists affect the occurrence of male *Daphnia. Chemosphere 53(8)*: 827-833, 2003

[14] Kato Y, Kobayashi K, et al.：Environmental sex determination in the branchiopod crustacean *Daphnia magna*: Deep conservation of a *Doublesex* gene in the sex-determining pathway. *PLoS Genet 7(3)*: e1001345, 2011

[15] Miyakawa H, Toyota K, et al.：A mutation in the receptor Methoprene-tolerant alters juvenile hormone response in insects and crustaceans. *Nat Commun 4*: 1856, 2013b

[16] Zhang ZL, Xu JJ, et al.：Steroid receptor coactivator is required for juvenile hormone signal transduction through a bHLHPAS transcription factor, methoprene tolerant. *J Biol Chem 286(10)*: 8437-8447, 2011

[17] Kring RL, O'Brien WJ：Effect of varying oxygen concentrations on the filtering rate of *Daphnia pulex. Ecology 57(4)*: 808-814, 1976

[18] Colbourne JK, Pfrender ME, et al.：The ecoresponsive genome of *Daphnia pulex. Science 331(6017)*: 555-561, 2011

[19] Adler FR, Harvell CD：Inducible defenses, phenotypic variability and biotic environments. *Trends Ecol Evol 5(12)*: 407-710, 1990

☆第8章　性的二型と表現型多型

[1] Crain DA, Guillette LJ Jr.：Reptiles as models of contaminant-induced endocrine disruption. *Anim Reprod Sci 53(1-4)*: 77-86, 1998

[2] Conover DO, Heins SW：Adaptive variation in environmental and genetic sex determination in a fish. *Nature 326(6112)*: 496-498, 1987

[3] Janzen FJ, Paukstis GL：Environmental sex determination in reptiles: ecology, evolution, and experimental design. *Q Rev Biol 66(2)*: 149-179, 1991

[4] Quinn AE, Georges A, et al.：Temperature sex reversal implies sex gene dosage in a reptile. *Science 316(5823)*: 411, 2007

[5] Warren JH : Biology of *Wolbachia*. *Annu Rev Entomol* 42: 587-609, 1997

[6] Eberhard WG : Multiple origins of a major novelty: Moveable abdominal lobes in male sepsid flies (Diptera: Sepsidae), and the question of developmental constraints. *Evol Dev* 3(3): 206-222, 2001

[7] Fisher RA : The evolution of sexual preference. *Eugen Rev* 7(3): 184-192, 1915

[8] Zahavi A : Male selection: A selection for a handicap. *J Theor Biol* 53(1): 205-214, 1975

[9] Hamilton WD, Zuk M : Heritable true fitness and bright birds: A role for parasites? *Science* 22(4570): 384-387, 1982

[10] Emlen DJ : Environmental control of horn length dimorphism in the beetle *Onthophagus acuminatus* (Coleoptera: Scarabaeidae). *Proc R Soc Lond B* 256(1346): 131-136, 1994

[11] Moczek AP, Emlen DJ : Male horn dimorphism in the scarab beetle, *Onthophagus taurus*: Do alternative reproductive tactics favour alternative phenotypes? *Anima Behav* 59(2): 459-466, 2000

[12] Emlen DJ, Szafran Q, et al. : Insulin signaling and limb-patterning: candidate pathways for the origin and evolutionary diversification of beetle 'horns". *Heredity* 97: 179-191, 2006

[13] Ito Y, Harigai A, et al. : The role of doublesex in the evolution of exaggerated horns in the Japanese rhinoceros beetle. *EMBO Rep* 14(6): 561-567, 2013

[14] Gotoh H, Cornette R, et al. : Juvenile hormone regulates extreme mandible growth in male stag beetles. *PLoS One* 6(6): e21139, 2011

[15] Emlen DJ, Nijhout HF : Hormonal control of male horn length dimorphism in *Onthophagus taurus* (Coleoptera: Scarabaeidae): A second critical period of sensitivity to juvenile hormone. *J Insect Physiol* 47(9): 1045-1054, 2001

[16] Moczeck AP, Nagy LM : Diverse developmental mechanisms contribute to different levels of diversity in horned beetles. *Evol Dev* 7(3): 175-185, 2005

[17] Emlen DJ, Warren IA, et al. : A mechanism of extreme growth and reliable signaling in sexually selected ornaments and weapons. *Science* 337(6096): 860-864, 2012

[18] Emlen DJ : Integrating development with evolution: A case study with beetle horns. *BioScience* 50(5): 403-418, 2000

[19] Emlen DJ : Costs and diversification of exaggerated animal structures. *Science* 291 (5508): 1534-1536, 2001

[20] 本郷儀人：カブトムシとクワガタの最新科学．メディアファクトリー，2012

[21] Gotoh H, Miyakawa H, et al. : Developmental link between sex and nutrition: *Doublesex* regulates sex-specific mandible growth via juvenile hormone signaling in stag beetles. *PLoS Genet* 10(1): e1004098, 2014

[22] Kijimoto T, Moczek AP, et al. : Diversification of doublesex function underlies

morph-, sex-, and species-specific development of beetle horns. *Proc Natl Acad Sci U S A 109(50)*: 20526-20531, 2012

[23] West-Eberhard MJ：*Developmental plasticity and evolution.* Oxford, 2003

[24] Glickman SE, Cunha GR, et al.：Mammalian sexual differentiation: Lessons from the spotted hyena. *Trends Endocrinol Matab 17(9)*: 349-356, 2006

[25] Glickman SE, Frank LG, et al.：Androstenedione may organize or activate sex-revesed traits in female spotted hyenas. *Proc Natl Acad Sci U S A 84(10)*: 3444-3447, 1987

[26] Goldschmidt R：*The material basis of evolution.* Yale University Press, 1940

[27] Schultz J：The origin of the spinning apparatus in spiders. *Biol Rev 62(2)*: 89-113, 1987

[28] Noirot C：Formation of castes in the higher termites. In: Krishna K, Weesner FM (Eds.): *Biology of termites I*, Academic Press, 1969, p.311-350

☆第9章　氏か育ちか──生態発生学の応用的側面

[1] Gilbert SF, Epel D：*Ecological develomental biology: Integrating epigenetics, medicine, and evolution.* Sinauer, 2009（スコット・F・ギルバート，デイビッド・イーペル著，正木進三，竹田真木生，田中誠二訳：生態進化発生学―エコ-エボ-デボの夜明け，東海大学出版会，2012）

[2] Moore KL, Persaud TVN et al.：*Before we are born: Essentials of embryology and birth defects.* Saunders, 1993

[3] Atreya CD, Mohan KV et al.：Rubella virus and birth defects: Molecular insights into the viral teratogenesis at the cellular level. *Birth Defects Res A Clin Mol Teratol 70 (7)*: 431-437, 2004

[4] Lenz W：Thalidomide and congenital abnormalities. *Lancet 1*: 45, 1962

[5] Norwack E：Die sensible Phase bei der Thalidomide-Embryopathie. *Humangenetik 1(6)*: 516-536, 1965

[6] Ito T, Ando H et al.：Identification of a primary target of thalidomide teratogenicity. S*cience 327(5971)*: 1345-1350, 2010

[7] Eto K：Minamata disease. *Neuropathology 20 (suppl)*: S14-S19, 2000

[8] Kondo K：Congenital minamata disease: Warnings from Japan's experience. *J Child Neurol 15(7)*: 458-464, 2000

[9] Eto K, Yasutake A et al.：Methylmercury poisoning in common marmosets: A study of selective vulnerability within the cerebral cortex. *Toxicol Phathol 29(5)*: 565-573, 2001

[10] 宮本謙一郎ほか：メチル水銀のグルタミン酸レセプターを介した脳神経細胞局在性障害に関する研究．国立水俣病総合研究センター年報 25: 11-12, 2005

[11] Thompson J, Bannigan J：Cadmium: toxic effects on the reproductive system and the embryo. *Reprod Toxicol 25(3)*: 304-315, 2008

[12] Ali I, Penttinen-Damdimopoulou PE et al. : Estrogen-like effects of cadmium in vivo do not appear to be mediated via the classical estrogen receptor transcription pathway. *Environ Health Perspect 118(10)*: 1389-1394, 2010

[13] Jones KL, Smith DW : Recognition of the fetal alcohol syndrome in early infancy. *Lancet 302(7836)*: 999-1001, 1973

[14] May PA, Gossage JP : Estimating the prevalence of fetal alcohol syndrome: A summary. *Alcohol Res Health 25(3)*: 159-167, 2001

[15] Sulik KK, Cook CS et al. : Teratogens and craniofacial malformation: Relationships to cell death. *Development 103 (suppl)*: 213-232, 1988

[16] Chrisman K, Kenney R et al. : Gestational ethanol exposure disrupts the expression of *FGF8* and *Sonic hedgehog* during limb patterning. *Birth Defects Res A Clin Mol Teratol 70(4)*: 163-171, 2004

[17] Aoto K, Shikata Y et al. : Fetal ethanol exposure activates protein kinase A and impairs *Shh* expression in prechordal mesendoderm cells in the pathogenesis of holoprosencephaly. *Birth Defects Res A Clin Mol Teratol 82(4)*: 224-231, 2008

[18] Sulik KK : Genesis of alcohol-induced craniofacial dysmorphism. *Exp Biol Med 230 (6)*: 366-375, 2005

[19] Ramanathan R, Wilkemeyer MF et al. : Alcohol inhibits cell-cell adhesion mediated by human L1. *J Cell Biol 133(2)*: 381-390, 1996

[20] Kleinman JC, Pierre MB Jr et al. : The effects of maternal smoking on fetal and infant mortality. *Am J Epidemiol 127(2)*: 274-282, 1988

[21] Werler MM : Teratogen update: Smoking and reproductive outcomes. *Teratology 55(6)*: 382-388, 1997

[22] Wickström R : Effects of nicotine during pregnancy: Human and experimental evidence. *Curr Neuropharmacol 5(3)*: 213-222, 2007

[23] Dwyer JB, Broide RS, et al. : Nicotine and brain development. *Birth Defects Res C Embryo Today 84(1)*: 30-44, 2008

[24] Kulikauskas V, Blaustein D et al. : Cigarette smoking and its possible effects on sperm. *Fertil Steril 44(4)*: 526-528, 1985

[25] Mak V, Jarvi K et al. : Smoking is associated with the retention of cytoplasm by human spermatozoa. *Urology 56(3)*: 463-466, 2000

[26] Shi Q, Ko E et al. : Cigarette smoking and aneuploidy in human sperm. *Mol Reprod Dev 59(4)*: 417-421, 2001

[27] Finnell RH, Wlodarczyk BC et al. : Strain-dependent alterations in the expression of folate pathway genes following teratogenic exposure to valproic acid in a mouse model. *Am J Med Genet 70(3)*: 303-311, 1997

[28] Barnes GL Jr, Mariani BD et al. : Valproic acid-induced somite teratogenesis in the chick embryo: Relationship with *Pax-1* gene expression. *Teratology 54(2)*: 93-102, 1996

[29] Lammer EJ, Chen DT et al. : Retinoic acid embryopathy. *N Engl J Med 313(14)*:

837-841, 1985
[30] Goulding EH, Pratt RM：Isotretinoin teratogenicity in mouse whole embryo culture. *J Craniofac Genet Dev Biol 6(2)*: 99-102, 1986
[31] Ouellet M, Bonin J et al.：Hindlimb deformities (ectromelia, ectrodactyly) in free-living anurans from agricultural habitats. *J Wildl Dis 33(1)*: 95-104, 1997
[32] 中村正久：奇形カエルと内分泌撹乱物質．平成10年度 内分泌撹乱化学物質影響調査研究．日本公衆衛生協会, 1999, p.184-200
[33] Stocum DL：Frog limb deformities: An "eco-devo" riddle wrapped in multiple hypotheses surrounded by insufficient data. *Teratology 62(3)*: 147-150, 2000
[34] Niazi IA, Saxena S：Abnormal hind limb regeneration in tadpoles of the toad, *Bufo andersoni*, exposed to excess vitamin A. *Folia Biol(Krakow) 26(1)*: 3-8, 1978
[35] Mohanty-Hejmadi P, Dutta SK et al.：Limbs generated at site of tail amputation in marbled balloon frog after vitamin A treatment. *Nature 355(6358)*: 352-353, 1992
[36] Carson R：*Silent Spring*. Houghton Mifflin, 1962
[37] Cooke AS：Shell thinning in avian eggs by environmental pollutants. *Environ Pollution 4(2)*: 85-152, 1973
[38] Xu LC, Sun H et al.：Androgen receptor activities of p,p'-DDE, fenvalerate, and phoxim detected by androgen receptor reporter assay. *Toxicol Lett 160(2)*: 151-157, 2006
[39] Guillette LJ Jr, Gross TS et al.：Developmental abnormalities of the gonad and abnormal sex hormone concentrations in juvenile alligators from contaminated and control lakes in Florida. *Environ Health Perspect 102(8)*: 680-688, 1994
[40] Milnes MR, Guillette LJ Jr：Alligator tales: New lessons about environmental contaminants from a sentinel species. *BioScience 58(11)*: 1027-1036, 2008
[41] Brosens JJ, Parker MG：Gene expression: Oestrogen receptor hijacked. *Nature 423(6939)*: 487-488, 2003
[42] Krimsky S：*Hormonal Chaos*. Johns Hopkins University Press, 2000
[43] Knights WM：Estrogens administered to food-producing animals: Environmental consideration. In: MacLachlan JA (Ed.): *Estrogens in the environment*. Elsevier, 1980, p.391-401
[44] Palmer JR, Wise LA et al.：Prenatal diethylstilbestrol exposure and risk of breast cancer. *Cancer Epidemiol Biomakers Prev 15(8)*: 1509-1514, 2006
[45] Ma L, Benson GV et al.：*Abdominal B (AbdB) Hoxa* genes: Regulation in adult uterus by estrogen and progesterone and repression in Müllerian duct by the synthetic estrogen diethylstilbestrol (DES). *Dev Biol 197(2)*: 141-154, 1998
[46] Carta L, Sassoon D：Wnt 7a is a suppressor of cell death in the female reproductive tract and is required for postnatal and estrogen-mediated growth. *Biol Reprod 71(2)*: 444-454, 2004
[47] Li Y, Welm B et al.：Evidence that transgenes encoding components of the Wnt

signaling pathway preferentially induce mammary cancers from progenitor cell. *Proc Natl Acad Sci U S A 100(26)*: 15853-15858, 2003

[48] Cook JD, Davis BJ et al.: Interaction between genetic susceptibility and early-life environmental exposure determines tumor-suppressor gene penetrance. *Proc Natl Acad Sci U S A 102(24)*: 8644-8649, 2005

[49] Newbold RR, Padilla-Banks E et al.: Uterine adenocarcinoma in mice treated neonatally with genistein. *Cancer Res 61(11)*: 4325-4328, 2001

[50] Jefferson WN, Padilla-Banks E et al.: Disruption of the developing female reproductive system by phytoestrogens: Genistein as an example. *Mol Nutr Food Res 51 (7)*: 832-844, 2007

[51] Ji L, Domanski RC et al.: Genistein prevents thyroid hormone-dependent tail regression of *Rana catesbeiana* tadpoles by targeting protein kinase C and thyroid hormone receptor a. *Dev Dynamics 236(3)*: 777-790, 2007

[52] Cabanes A, Wang M et al.: Prepubertal estradiol and genistein exposures upregulate *BRCA1* mRNA and reduce mammary tumorigenesis. *Carcinogenesis 25(5)*: 741-748, 2004

[53] Chavarro JE, Toth TL, et al.: Soy food and isoflavone intake in relation to semen quality parameters among men from an infertility clinic. *Hum Reprod 23(11)*: 2584-2590, 2008

[54] Aitken RJ, Koopman P et al.: Seeds of concern. *Nature 432(7013)*: 48-52, 2004

[55] Fisher JS, Macpherson S et al.: Human testicular dysgenesis syndrome: A possible model using in utero exposure of the rat to dibutyl phthalate. *Hum Reprod 18(7)*: 1383-1394, 2003

[56] Swan SH, Main KM et al.: Decrease in anogenital distance among male infants with prenatal phthalate exposure. *Environ Health Perspect 113(8)*: 1056-1063, 2005

[57] Spearow JL, Doemeny P et al.: Genetic variation in susceptibility to endocrine disruption by estrogen in mice. *Science 285(5431)*: 1259-1261, 1999

[58] 梅本堯夫, 大山正 編著:心理学への招待. サイエンス社, 1992

[59] Stern DN: *Psychologie der fruhen Kindheit*. Quelle & Meyer, 1923

[60] Jensen AR: How much can we boost IQ and scholastic achievement? *Harvard Educ Rev 39(1)*: 1-123, 1969 (A・R・ジェンセン著, 岩井勇児監訳:IQの遺伝と教育, 黎明書房, 1978)

[61] 小泉英明:アインシュタインの逆オメガ—脳の進化から教育を考える. 文藝春秋, 2014

[62] Siqueland ER, Lipsitt LP: Conditioned head-turning in human newborns. *J Exp Child Psychol 3(4)*: 356-376, 1966

[63] Caspi A, McClay J et al.: Role of genotype in the cycle of violence in maltreated children. *Science 297(5582)*: 851-854, 2002

[64] De Neve JE: Functional polymorphism (5-HTTLPR) in the serotonin transporter gene is associated with subjective well-being: Evidence from a US nationally

representative sample. *J Hum Genet 56(6)*: 456-459, 2011
[65] Jonassaint CR, Ashley-Koch A et al. : The serotonin transporter gene polymorphisim (5HTTLPR) moderates the effect of adolescent environmental conditions on self-esteem in young adulthood: A structural equation modeling approach. *Biol Psychol 91(1)*: 111-119, 2012
[66] Baldwin JM : A new factor in evolution. *Am Nat 30(354)*: 441-451, 1896
[67] Chomsky N : *Aspects of the theory of syntax*. MIT Press, Massachusetts, 1965
[68] Bruner J : The social context of language acquisition. *Lang Comm 1(2-3)*: 155-178, 1981
[69] スーザン・H・フォスター＝コーエン：子供は言語をどう獲得するのか．岩波書店，2001
[70] Chomsky N : *The logical structure of linguistic theory*. Springer, 1957
[71] スーザン・カーチス：ことばを知らなかった少女ジーニー――精神言語学研究の記録．築地書，1992

☆第10章　可塑性と進化

[1] Sultan SE : Phenotypic plasticity and plant adaptation. *Acta Bot Neerl 44(4)*: 363-383, 1995
[2] Vedel V, Chipman AD, Akam M, Arthur W : Temperature-dependent plasticity of segment number in an arthropod species: The centipede *Strigamia maritima*. *Evol Dev 10(4)*: 487-492, 2008
[3] Darwin C : *On the origin of species by means of natural selection, or the preservation of favoured races in the struggle for life*. John Murray, 1859 (ダーウィン著，八杉龍一訳：『種の起原』上・下，岩波文庫，1990 など)
[4] Lamarck JB : *Philosophie zoologique*. Museum d'Histoire Naturelle, 1809
[5] Weismann A : *Essays upon heredity*. Clarendon Press, 1889
[6] Gulick JT : On the variation of species as related to their geographical distribution, illustrated by the Achatinellinae. *Nature 6*: 222-224, 1872
[7] Spalding D : Instinct with original observations on young animals. *MacMillan's Magazine 27*: 282-293, 1873
[8] Baldwin JM : A new factor in evolution. *Am Nat 30(354)*: 441-451; 536-553, 1896
[9] Morgan CL : *Habit and instinct*. Edward Arnold, 1896
[10] Osborn HF : Organic selection. *Science 15*: 583-587, 1897
[11] Goldschmidt RB : *The material basis of evolution*. Yale University Press, 1940
[12] Provine WB : Progress in evolution and meaning in life. In: Nitecki M (Ed.) : *Evolutionary progess*, Univrsity of Chicago Press, 1989, p.49-79
[13] Gould SJ : *The structure of evolutionary theory*. Harvard University Press, 2002
[14] Gilbert SF, Epel D : *Ecological develomental biology: Integrating epigenetics, medicine, and evolution*. Sinauer, 2009 (スコット・F・ギルバート，デイビッド・イー

ベル著, 正木進三, 竹田真木生, 田中誠二訳：生態進化発生学―エコ‐エボ‐デボの夜明け, 東海大学出版会, 2012)
[15] Baldwin JM：*Development and evolution.* Macmillan, 1902
[16] Schmalhausen II：*Factors of evolution.* Blakiston, 1949
[17] Waddington CH：Selection of the genetic basis for an acquired character. *Nature 169(4294)*: 278, 1952
[18] Waddington CH：Genetic assimilation of an acquired character. *Evolution 7(2)*: 118-126, 1953
[19] Waddington CH：Genetic assimilation of the bithorax phenotype. *Evolution 10(1)*: 1-13, 1956
[20] West-Eberhard MJ：*Developmental plasticity and evolution.* Oxford, 2003
[21] West-Eberhard MJ：Phenotypic accommodation: Adaptive innovation due to developmental plasticity. *J Exp Zool B Mol Dev Evol 304(6)*: 610-618, 2005
[22] Slijper EJ：Biologic-anatomical investigations on the bipedal gait and upright structure in mammals, with special reference to a little goat, born without forelegs I, II. *Proc Konink Ned Akad Wet 45*: 288-295, 407-415, 1942
[23] Marks J：Genetic assimilation in the evolution of bipedalism. *Hum Evol 4(6)*: 493-499, 1989
[24] Suzuki Y, Nijhout HF：Evolution of a polyphenism by genetic assimilation. *Science 311(5761)*: 650-652, 2006
[25] Schlichting CD：Phenotypic integration and environmental change: What are the consequences of differential phenotypic plasticity of traits? *BioScience 39(7)*: 460-464, 1989
[26] Pigliucci M：Phenotypic integration: studying the ecology and evolution of complex phenotypes. *Ecol Lett 6(3)*: 265-272, 2003
[27] Murren CJ：The integrated phenotype. *Integr Comp Biol 52(1)*: 64-76, 2012
[28] Rutherford SL, Lindquist S：Hsp90 as a capacitor for morphological evolution. *Nature 396(6709)*: 336-342, 1998
[29] Kirschner M, Gerhart J：Evolvability. *Proc Natl Acad Sci U S A 95(15)*: 8420-8427, 1998
[30] Kirschner MW, Gerhart JC：*The plausibility of life: Resolving Darwin's dilemma.* Yale University Press, 2005 (マーク・W・カーシュナー, ジョン・C・ゲルハルト著, 滋賀陽子訳, 赤坂甲治監訳：ダーウィンのジレンマを解く―新規性の進化発生理論, みすず書房, 2008)
[31] Eldredge N, Gould SJ：Punctuated equilibria: an alternative to phyletic gradualism. In: Schopf TJM (ed.), *Moldels in paleobiology.* Freeman Cooper, 1972, p.82-115

おわりに

　本書は、私がはじめて単著で出版する本だ。これまで本の一章を担当することはしばしばあったが、丸ごと一冊というのははじめてのことである。執筆にあたり、いろいろと内容・構成を考えてきたが、結局これまで私が研究というものを始めて以後取り組んできた、社会性・表現型可塑性・表現型多型の話について、すべてというわけにはいかなかったが、その大部分を詰め込んだものとなってしまった。自分がこれまでやってきた研究の集大成（といってよいかは別として）をまとめるのは博士論文以来のことである。私にとって、それらを整理するのは並たいていの苦労ではなかったが、多くのことを勉強させていただく機会となり、これまでを振りかえるとともに、今後の研究の展望を見つめ直すよい経験となった。研究を始めたのが1994年、それから今年で22年目を迎える。このあたりが研究人生のちょうど折り返し地点だろうか。その意味でも本書の出版はマイルストーンといってよいように思う。

　「表現型可塑性の生物学」「生態発生学」を紹介するにあたり、第1～2章ではその背景となる学問分野について記した。少々かたい内容になってしまったが、背景知識として必要な部分であると判断し、紙面を割かせていただいた。第3章では生態発生学への導入を、そして第4章から第8章までは私が実際に携わってきた研究例を紹介させていただいた。第9章は、ヒトの可塑性や可塑的な発生過程に影響を与える化学物質などについての知見をまとめ、紹介したが、これは少々私にとってはチャレンジングな内容だった。他の生態発生学の教科書にも書かれているような事柄ではあるものの、私自身が娘の誕生および育児に接することで深く考えさせられた部分でもある。第10章は本書で私が一番書きたかった内容といってもよいだろう。私がなぜ可塑性を研究しているかといえば、生物進化を理解したいからだ。発生の可塑性が表現型進化に結びつくという知見、仮説は古くからの蓄積があるだけに、これらを紐解いて整理することは、今後の研究を展開するうえでも避けて通れぬ、非常に重要な作業

だった。また執筆の過程でさまざまなインスピレーションが湧いたのも事実だ。

　私はもともと生物が好きであったし、自分の手元で飼育して観察するのが好きだった。なので、昆虫少年ではあったが、標本作製などにそれほど一生懸命に取り組んでいたわけではなかった。多くの動物、昆虫を飼い殺してしまい心が痛むことも多かったけれど、そういった経験が研究生活を始めてからの、そして学生を指導するようになってからの礎になっているように思う。今でも鮮明に覚えている「衝撃」がある。小学生の頃、コガネムシやカブトムシの幼虫があの白くてプニプニしたムシだと知ったときの驚きだ。それ以来、甲虫類に限らず、チョウやトンボ、セミなどいろんな幼虫を捕まえてきては、脱皮と変態の様子を観察したものだ。思えば当時から、生物の形が変化するということに興味をもっていたのだろう。

　私がこれまで研究を続けることができたのは、決して私一人の力によるのではなく、実に多くの方に支えられてきたおかげである。そのすべてをここに記すわけにはいかないが、とくにお世話になった方々に謝辞を述べたい。

　大学院以来の恩師である松本忠夫先生（東京大学名誉教授）には、常に研究への助言と励ましをいただいた。学生の頃には海外のフィールドにも幾度となく連れていっていただき、見識を広めることができた。松本先生とのエピソードは、それだけで本一冊分にはなる珍道中ばかりである。とくにベネズエラでのスリップ事故からの生還や、ボルネオ島サバ州での「珍」調査行などは記憶に残るものだ。

　安間繁樹先生（元JICA専門家、哺乳類生態学者）には自分の進路を決める際に多大な影響を受けた。先生に憧れてフィールドでの動物研究を始めたといっても過言ではない。先生と訪れたボルネオ最奥地での経験は忘れることができない。

　故石川　統先生（東京大学名誉教授）。東大理学部動物学教室の先生であり、卒業研究では先生の研究室に配属され、はじめて研究というものに接する機会をいただいた。その後も亡くなられるまで、常に温かく私の研究を励まし、見守っていただいた。

　久保健雄先生。本書でも紹介した分子生物学の技術の多くは、私が大学院生

の時代に久保先生の研究室に習いにいき、ご教示いただいたものだ。ディファレンシャルディスプレイ法により、シロアリではじめてカースト特異的に発現する遺伝子を同定することができたのも、久保先生のおかげである。

深津武馬先生。東大動物教室に配属されて以来の偉大な先輩であり、今でも多くのご指導をいただいている。私がアブラムシ研究を始めるきっかけとなった Stern 先生を紹介してくれたのも深津さんだ。

嶋田正和先生。東大駒場時代には大変お世話になった。また日本生態学会では数年にわたり「迅速な適応性」と称した研究集会を共同で開催した。可塑性の進化的重要性をわかっていただける研究者のひとりだ。

David L. Stern 先生。私には長期の海外留学の経験はないが、9カ月の学術振興会特別研究員を務める間の2カ月間、イギリスのケンブリッジ大学にて、また助手になってからは何度かアメリカのプリンストン大学に滞在し、アブラムシ研究を行った。いずれも Stern 先生との共同研究のためだ。先生はもともとアブラムシの生態と進化について研究をされていたが、現在はショウジョウバエを使ったエボデボ研究の最先端で活躍されている。鋭い感性と知性の持ち主であり、短期間ではあっても、先生から学んだことは大きい。気むずかしいことで知られる先生だが、私には本当に温かく接してくれた。

Douglas J. Emlen 先生。糞虫の角の研究における世界的権威である。人柄がよく、とても温厚な方だ。研究上抱く興味の方向性に共感するものが大きく、研究の着眼とその成果のみせ方が素晴らしい。いくつも論文を共著で書かせていただいたが、先生の書く文章も非常に魅力的で大変勉強になった。

前川清人先生（富山大学）。中学校の剣道部以来の後輩だ。悪い先輩にそそのかされて、いまだに同じ業界で一緒に仕事をしている。しかし、シロアリの社会性に関する前川研の最近の成果はすさまじく、さまざまな分子生理学的手法を用いて次つぎと論文を出している。当然、本書には書ききれなかったので、興味のある読者はぜひ原典をあたっていただきたい。

重信秀治先生（基礎生物学研究所）。最近の日本における生物種のゲノム解析、トランスクリプトーム解析で中心的な役割を果たされている。われわれの研究にかかわる部分でも、アブラムシのゲノムやシロアリのトランスクリプトームの解析などで一方ならぬお世話になった。また私の研究室の博士研究員の林 良

信氏、松波雅俊氏には、それぞれシロアリおよびサンショウウオのトランスクリプトーム解析などを重信先生のご指導のもと担当してもらっており、楽しみな成果があがりつつある。

　本書で紹介させていただいた研究のほとんどが、私自身というより、私の研究室の学生によって行われたものだ。ここでその全員の名前をあげるわけにはいかないが、彼らなしには私は何もできなかっただろう。本書の執筆に際し、研究室のOBである小川浩太さん、宮川一志さん、後藤寛貴さんには、アブラムシ（第6章）、ミジンコ（第7章）、クワガタ（第8章）の章のドラフトをそれぞれ読んでもらい、詳細なコメントをいただいた。

　私の興味は決して研究生活のみに由来するものではない。子どもの頃から「文武両道」という言葉のもとに育てられたこともあってか、常に何か体を動かす競技をしてきた。子どもの頃は剣道、研究を始めた頃はウエイトトレーニング、学位を取る頃から北海道に来るまではスノーボード、そして最近ではまた剣道を再開している。とくに剣道などは、大人になってからも、いや体力的には衰える高齢者になってからも技術的には上達するのだということを、身をもって知らされている。ちなみに剣道は、稽古すれば死ぬまで強くなれるといわれている。私の恩師は60を過ぎてからスノーボードを始め、70をこえてもなお、どんな斜面からも滑り（転がり？）降りることができる。これらのことを考えると、ヒトという生物のもつ可塑性に無限の能力を感じずにはいられない。若干ではあるが第9章で、学習能力やスポーツ上達のリアクション・ノームについて述べたのは、このような個人的経験の賜である。それぞれの競技を通じて多くの先生・先輩・友人との交流があり、彼らとの刺激から得るところも大きい。

　普段の私の生活を支えてくれる家族に対しても、最大限の謝意を示したい。妻と娘、そして愛猫のいるわが家は心身ともに休まるところである。娘は本書の執筆を開始した後に誕生し、元気に育ってくれている。動物や植物が大好きな娘には、いつの日か父親の考えたことの一端が伝われば、と思う。

　また、両親には本当にのびのびと育ててもらったと思う。自分の好きなことは何でも、というわけではなかったかもしれないが、自由にやらせてもらい、常に支援してもらった。単身で西表島やボルネオに探検気分で乗り込むときも、

研究のためフィールドに向かうときも、留学のため英国に向かうときも、仏壇に手を合わせ心配しつつ、息子の背中を送り出してくれた。

　編集の永本 潤さんには、感謝してもしきれない。次つぎと降りかかる諸々の雑務をこなしながら、原稿を書きそれを仕上げていくのは、予想以上に苦しい作業だった。そのため、執筆の予定を大幅に遅れてしまい、本当に申し訳ない気持ちで一杯だった。それでも根気よく寛大に励ましてくれた。永本さんの伴走なしには最後まで走りきることはできなかったのはいうまでもない。

　本書では私が携わってきた昆虫にみられる可塑性現象を中心に話を進めてきたが、第3章でも若干紹介したように、他にもさまざまな生物・系統において、環境に適応した絶妙な表現型可塑性が存在するはずだ。陸上への進出、四足動物の進化、飛翔の獲得、直立2足歩行の獲得など、大きな進化のきっかけとなった可能性もあるだろう。地球は広い。この地球上にはまだまだ、われわれの知らない形で生物が棲んでいるに違いない。そしてどの生物も、うまく可塑性を利用してその環境に適応しているはずだ。近い将来、そうした生物たちがみせる変幻自在な可塑性現象が次つぎと明らかにされるとともに、われわれヒトを含めた「柔軟な」生物たちがどうやって進化してきたのか、そして進化していくのか、そのメカニズムが明らかにされる日を望みつつ、筆をおく。

　　2016年4月25日
　　桜の咲きはじめた札幌にて

三浦　徹

索 引

＊（コ）はコラム、（図）は図を示す

・人名索引・

《アルファベット》
Baldwin, J.M.　165
Carson, R.　149
Darwin, C.R.　121, 161
Dobzhansky, T.　2
Gerhart, J.　172
Gesell, A.L.　154
Gilbert, S.F.　5, 23
Jensen, A.R.　154
Kirschner, M.　172
Lamarck, J.E.　164
Odum, E.P.　2
Robinson, G.　6, 82
Schmalhausen, I.I.　166
Sterun, D.N.　154
Waddington, C.H.　38, 166
Watson, J.B.　154
Weismann, A.　164
West-Eberhard, M.J.　85, 168, 169（図）
Woltereck, R.　26, 114

《五十音》
オダム　2
ヴァイスマン，アウグスト　164, 168
ウエスト・エバーハード　85, 168-169
ヴォルターレック　26, 114
カーシュナー　172
カーソン，レイチェル　149
ギルバート　5, 23
ゲゼル　154
ゲルハルト　172
ジェンセン　154
シュテルン　154
シュマルハウゼン　166
ダーウィン，チャールズ　121, 161, 163, 164
ドブジャンスキー　2
ボールドウィン　165
ラマルク　164
ロビンソン　6, 82
ワディントン　38, 166-167
ワトソン　154

・事項索引・

《数字》
1次寄主世代　103
2本足のヤギ　168, 171
5-HT　157
5-HTT　84
5-HTTLPR 遺伝子　157

《A・B・C》
Acyrthosiphon pisum　88
adaptation　2
ant hill　53（コ）
Apis mellifera　85
ApL 系統　96-97
apolysis　67（コ）
apterous (ap) 遺伝子　94
βガラクトシダーゼ　24
bifurcated pathway　61
Branchiopoda 綱　105

brood chamber　106
Bufo andersonii　149
canalization　38
carapace　106
carriers　56
Ceratovacuna lanigera　102
cGMP依存性タンパク質リン酸化酵素　83
cis領域　17
Cladocera目　105
colinearity　17（図），18
communal　49（コ）
community　2
community ecology　→ ecology
co-option　21
Coptotermes formosanus　43
corpora allata　72
corpora cardiaca　72
Crocuta crocuta　136
cross-sexual transfer　136
Crustacea亜門　105

《D・E・F》
*dachshund*遺伝子　79
Daphnia magna　118-119
Daphnia pulex　105, 109, 114, 118-119
*Daphnia*属　105, 162
DDA　150
DDE　147, 150
DDT　147, 149-151
de novo assembly　12
*Deformed*遺伝子　78
DES　147, 150（図），151
developmental biology　22
differential display法　10
differential gene expression　9
dispersal　46（コ）
*Distalless*遺伝子　78-79
Distylium racemosum　103
*dmrt1*遺伝子　116
DNAシーケンサー　12

DNAチップ　11
DNAのメチル化　95, 151
*Dorcus*属　130
*Dorylus*属　53（コ）
doublesex（*dsx*）遺伝子　116, 134-136
Drosophila melanogaster　17, 167
ecdysial line　68（コ）
*Eciton*属　53（コ）
Eco-Devo（ecological developmental biology）　5, 6（図），15-16
ecology　1
　community ─　2
　evolutionary ─　2
　molecular ─　3
　population ─　2
ELISA法　74
embryology　22
embryogenesis　22
empiricism　154
endocrine disruptor　147
endurance training　34
ENTIS（European Network of Teratology Information Services）　147
epigenetic landscape　38
Eriosomatinae亜科　102
ESD（environmental sex determination）　122
*esg*遺伝子　113
eusocial　49（コ）
Evo-Devo（evolutionary developmental biology）　4-5, 6（図），15-21
evolutionary capacitor　172
evolutionary ecology　→ ecology
evolvability　172
exaptation　173
*exd*遺伝子　113
extended phenotype　28
FAS（fetal alcohol syndrome）　145
fast muscle　34
FGF8　143

food ball 56
foraging 遺伝子 83
founderess 99
FOXP2（forkhead box P2）遺伝子 83
frons 70
frontal projection 70

《G・H・I》
GABA 146
 —トランスアミナーゼ 146
genetic accomodation 97, 169
genetic assimilation 97
gnawers 56
GnRH 84
gregarious phase 31
growth 46（コ）
GSD（genetic sex determination）122
gut purge 68（コ）
hemimetabola 45（コ）
Hemipodaphis persimilis 12
Hodotermopsis sjostedti 64
holometabola 45（コ）
homology 16
Hormaphidinae 亜科 102
Hospitalitermes medioflavus 52
Hox3 遺伝子 113
HOXA 遺伝子 151
Hox 遺伝子 17, 77, 167
Hsp90 172
imaginal disc 71
indian hedgehog 遺伝子 35
inheritance 163
InR 遺伝子 113
insulin-like peptide 76
intermolt 46（コ）
inter-sexual selection → selection
intrasexual selection → selection
IRS-1 遺伝子 113

《J・K・L》
JH 72, 96

JH III 73（図）, 117-118
JHA 134, 135（図）, 口絵 9
JHAMT 遺伝子 113
JH エステラーゼ（JHE）96
Kalotermes flavicollis 73, 80
LAD（language acquisition device）158
LASS（language acquisition support system）158
LC-MS 74, 96
Leptogenys 属 53（コ）
life cycle 1
life history 1
limb bud 92（コ）
linear pathway 61
Lucanidae 科 130
Lymantria dispar 136

《M・N・O》
mab-3 遺伝子 116
Macaca mulatta 84
Manduca sexuta 169
MAOA 156
MAOA 遺伝子 157
mate preference 126（コ）
Megoura crassicauda 88
Menidia menidia 123
Met（methoprene-torelant）117-118
Met 遺伝子 113
modularity 18
Moina macrocopa 118
molecular ecology → ecology
myonuclear domain 34
nasus 54, 70
Nasutitermes 属 58
nativism 154
natural selection → selection
necrosis 92（コ）
Nipponaphis monzeni 103
novelty 16
O 型精子 98

Onthophagus 属　76, 127
organic selection　→ selection
orthoplasy　165
OTIS (Organization of Tetratolgy Information Specialists)　147

《P・Q・R》
Papio ursinus　168
Paracolopha morrisoni　88
Pax1 遺伝子　146
PCR (polymerase chain reaction)　8
phase polyphenism　→ polyphenism
phenotypic accommodation　168, 169 (図)
phenotypic integration　171
phenotypic plasticity　4, 25
Pogona vitticeps　123
polyphenism　25
　　phase —　31
　　wing —　88
population　2
　　— ecology　→ ecology
postembryonic development　22
preadaptation　173
Procambarus clarkii　84
Prociphilus oriens　88
programmed cell death　92 (コ)
pseudergate　61
pterygota　87
QTL マッピング　15
Rattus norvegiu　83
reaction norm　26
Reculitermes flavipes　74-75
regressive molt　63
reproduction　46 (コ)
reproductive ground plan 仮説　85
RNA 干渉 (RNAi) 法　14, 77, 95, 116, 134, 136
RNA ポリメラーゼ　10 (コ)
RNA-seq (RNA-sequencing)　12

《S・T・U》
selection　163
　　inter-sexual —　126
　　intrasexual —　126
　　natural —　164
　　organic —　165
　　sexual —　125, 164
sequestration　75
sexual selection　→ selection
Simocephalus vetulus　118
slow muscle　34
social physiology　81
sociobiology　6
sociogenomics　6, 82
soldier-nasus disc　71
solitarious phase　31
solitary　49 (コ)
sonic hedgehog 遺伝子　145
sperm web　137
SRC (steroid receptor coactivator)　117
stationary molt　63
strength training　34
Strigamia maritima　162
subsocial　49 (コ)
subtraction 法　10
teratogens　140
Toxoplasma gondii　142
Treponema pallidum　142
Trypoxylus dichotomus　136
TSD (temperature-dependent sex determination)　122
Tuberaphis styraci　103
Ubx 遺伝子　167
Uperodon systoma　149

《V・W・X・Y・Z》
variation　163
Vicia faba　90
wing polyphenism　→ polyphenism
Wnt 遺伝子　151

Wolbacha pipientis 124
X型精子 98
XO型 97
X染色体 121
X染色体放出 93（コ）
XY型 97, 122（図）
Y染色体 121
ZW型 122（図）

《あ行》
アーキア 48（コ）
アイソフォーム 134
アカゲザル 84
赤ちゃんの反射行動 155-156 →反射
　も参照
アガマ科 124
アカメキノボリガエル 30
アクリルアミド 152
アゴニスト 147
アゴブトシロアリ亜科 54
アザラシ肢症 142
亜社会性 →社会性
亜成虫 46（コ）
アセチルコリン受容体 145
アセンブリー 12
アトラジン 148
アブラムシ 87-104, 162
　─上科 87
　社会性─ →社会性
　兵隊─ 101-103
アポトーシス 91, 92（コ）
　─小体 92（コ）
アポミクシス 97
アポリシス 67（コ）, 68
アマガエル 30
アメリカカンザイシロアリ 43
アラタ体 67（コ）, 72, 73（図）
アリ科 53（コ）
アルコール 145
アロマターゼ 31, 123, 148
アロメトリー 19, 70, 128

アンタゴニスト 147
アントヒル 53（コ）
アンドロゲン 136, 147
イエシロアリ 43, 60
イオンチャンネル 146
閾値 36-37, 72
育房 106-107
異形配偶子 121
異時性 19-21
異所性 19-21
イスノキ 103
異性間選択 →選択
イソフラボン 152
イタイイタイ病 144
一卵性双生児 157
遺伝 163-164
遺伝暗号 10（コ）
遺伝子型 4
遺伝子工学 8
遺伝子交流 2
遺伝子発現 10（コ）
　─の差異 9
遺伝的 159
　─順応 97, 168-171
　─同化 97, 166-168, 171
　─要因 152
イワフジツボ 29
インスリン（インシュリン） 33, 76, 113, 128
　─経路 76-78, 113
　─様タンパク 76
インスリン受容体 128
　─遺伝子 77
ウイルス感染症 141
ウォルフ管 138
羽化 46（コ）, 69
雨季型 36
うつ病 159
運河化 38
衛生環境 159
栄養交換［行動］ 55, 69

栄養条件　131
液体クロマトグラフィ質量分析計　74, 96
エクダイソン　67（コ）, 72
エコデボ　5, 16, 103
　―の謎　148
餌ダンゴ　56
エストラジオール　147
エストロゲン　31, 123, 147, 150-152
エゾ型　131
越冬卵　88
エネルギー代謝　94
エピジェネティックな制御（機構）　84, 172
エピジェネティック・ランドスケープ　38-39
エボデボ　5, 15
炎症作用　160
エンドウヒゲナガアブラムシ　88, 89, 96, 99, 103, 163, 口絵5
エンマコガネ　33
　―属　76, 127-128
横脈　167
大顎　66, 78-79, 92（コ）, 130, 132
大顎器官　115
オオクワガタ　130
　―属　130
オオシロアリ　60, 64, 口絵4
　―科　47, 62
オオミジンコ　115-116, 118-119
オカメミジンコ　118
オス間闘争　128
オス殺し　124
雄ヘテロ［型］　97, 121, 122（図）
オタマジャクシ　30
尾根筋たどり　54
オペロン説　24
親子関係　83
オランウータン　168
オルソログ　113, 116
オルタナティブ・スプライシング　134

《か行》
カースト　50
　―多型　40
　―特異的器官　66
　サブ―　50
　繁殖―　50, 62
　非繁殖―　50
　兵隊―　102
　不妊―　50, 52, 62
カースト分化　40, 59, 60-86
　―経路　52
　―制御フェロモン　→フェロモン
解糖系　34
外部生殖器　136
カイロモン　29, 30, 110, 111, 163
　―感受期　113
カエル　148
殻刺　108, 110
学習　28, 165
　―能力　153, 165
角状菅　102
額腺　54
拡張された表現型　→表現型
獲得形質　164, 165
　―の遺伝　164, 172
核分裂　100
カゲロウ目　46（コ）
かじり屋　56
下唇　130
カスパーゼ　92（コ）
勝ち癖　84
活性酸素　145
ガットパージ　67, 67-68（コ）
カテプシンB　103
下等シロアリ　48（コ）
カドミウム　144
カブトムシ　125, 127, 130, 136
カマアシムシ　46（コ）
体サイズ　128
カワスズメ　35
カンガルー　168

乾季型　36
環境閾値説　154
環境応答能　119
環境形成作用　1
環境指標　149
環境ホルモン　147
環境要因　165
カンシャワタムシ　102
感受期　140, 141（図）
　　高―　140
完全変態［昆虫］　→変態
眼点　107
幹母　88, 99
キイロショウジョウバエ　17, 167
奇形　140
キゴキブリ科　44
疑似社会性　→社会性
疑似ペニス　136
寄主植物　88
　　1次―　96
　　2次―　96
擬職蟻　60, 63, 73
寄生者　124
基節　77
季節型　36
季節性　79
キチン質　67（コ）
拮抗因子　147
蟻道　44, 52（コ）
キナーゼ　142
機能解析　95
キノコシロアリ亜科　54
忌避物質　66, 71, 81
逆転写　11
ギャップ遺伝子　17
キャナライズ　38, 140
キャナリゼーション　38, 162
究極要因　2
臼歯　167
急性熱性発疹性疾患　141
休眠卵　99, 107（図）, 115, 120

擬蛹　47（コ）
胸脚　106
　　第1―　115
擬陽性　11
共生者　124
競争　125
共直線性　17（図）, 18
共同育児　49
共同巣性　49（コ）
共鳴反射　→反射
極体　98
偽ワーカー　→ワーカー
筋核ドメイン　34
菌細胞　101
クイーン　50
クサカゲロウ　102
クジャク　125
糞ダンゴ　127-128, 129（図）
クチクラ　46（コ）, 67（コ）, 69
クモ　137
グルココルチコイド受容体　84
グルタミン酸作動性ニューロン　144
グルタミン酸受容体　144
クレスト　110
クローン　94
　　―繁殖　97, 107（図）
クロスセクシャル・トランスファー　136-138
クワガタムシ　65, 127
　　―科（類）　130-136
群集　2
　　―生態学　→生態学
群生相　31
グンタイアリ　53-54（コ）
　　―属　53（コ）
経験説　154
脛節　77
形態形成因子　18, 77, 113, 128
形態輪廻　107-108
警報フェロモン　→フェロモン
血縁個体　173

血縁選択説　40, 50
結婚飛行　51（コ), 79
ゲニステイン　152
ゲノム解析　103
ゲノム解読　113
ゲノム生物学　6
ゲノム編集　15
ケヤキフシアブラムシ　88
ケヤキワタムシ　102
ケヨソイカ科　109
言語獲得　158
　　―支援システム　158
　　―装置　158
原始反射　→反射
減数分裂　97-98
原生動物　47, 48（コ）
原腸形成期　145
小顎　130
コア・プロセス　172
抗ウイルス剤　146
蝗害　31
甲殻亜門（甲殻類）　105
抗がん剤　146
口器付属肢　→付属肢
抗凝固薬　146
抗菌薬　146
コウグンシロアリ　42, 52-59, 口絵2, 口絵3
抗けいれん薬　146
抗高脂血症薬　146
恒常性　172
甲状腺ホルモン　149
抗精神病薬　159
甲虫目　130
後腸　48（コ), 55
行動　28, 165
　　―傾向　156-157
後胚発生　22, 45（コ), 60, 93（コ), 157
　　―期　111
候補遺伝子アプローチ　94
抗ミュラー管ホルモン　→ホルモン

剛毛　103
コオプション　21, 101, 113
ゴール　102
コガネムシ科　127
コガネムシ上科　130
コキーコヤスガエル　19
ゴキブリ目　44
コクワガタ　130
古細菌　48（コ）
コスト　30
個体間相互作用　40, 75, 80, 83
個体群　2
　　―サイズ　122
　　―生態学　→生態学
個体発生　59
固着生物　120
孤独相　31
コミュニケーション　83
コリオン　140
痕跡器官　138

《さ行》
催奇性因子（物質）　139, 140-147, 149
鰓脚綱　105
採餌行動　54, 83
採餌場　56
最上位捕食者　150
サイトメガロウイルス　142
細胞質不和合　124
細胞接着因子　145
細胞内共生バクテリア（細菌）　100
細胞壁　48（コ）
サスライアリ属　53（コ）
サテライト・ネスト　52（コ）
蛹　45（コ）
　　―脱皮　→脱皮
サバクトビバッタ　31
サブカースト　→カースト
サブトラクション法　10-11
サブユニット　119
作用因子　147

ザリガニ　84
サリドマイド　142-143
　―胎芽症　142
産性虫　88, 96
酸素濃度　118
ジエチルスチルベストロール　147,
　151-152
翅芽　63, 90, 92（コ）, 93（コ）
枝角目　105
師管液　101
至近要因　2
シグナル伝達因子　78（コ）
シクリッド　35, 84
ジクロロジフェニルトリクロロエタン
　149-151
思考　157
視床下部ニューロン　84
雌性生殖器　→生殖器［官］
次世代シーケンサー　12-14, 104
次世代シーケンシング　12
自然選択　→選択
シナプス形成　145
指標説　126（コ）
脂肪体（脂肪組織）　68, 91（図）, 92
ジムカデ　162
社会行動　59, 83
社会性　83, 101-102, 173
　―アブラムシ　102
　―昆虫　6, 40, 102, 158, 173
　―膜翅目　42, 51（コ）, 81
　亜―　49, 49（コ）
　疑似―　49（コ）
　真―　48, 101-103
　半―　49（コ）
社会生物学　6
　分子―　6, 81-82
社会生理学　81
社会的地位　84
シャムネコ　31
シュウカクシロアリ科　47, 62
重金属　143-144

集合性　49
集合フェロモン　→フェロモン
集団遺伝学　3
重力　35
ジュゴン　167
受精　100, 121
　―嚢　58
　―卵　98, 121
出糸突起　137
『種の起源』　163, 164
種分化　2, 162
順位　84
障害　140
小歯型　131
鞘翅目　130
ショウジョウバエ　167
常染色体　122
上皮細胞　90
女王　158
　―アリ　51（コ）
　―バチ　51（コ）
　―物質　55（コ）, 81
　副―　51, 61
触肢　137
植物遺体　43-44
植物プランクトン　106
触角　107
　第1―　115
　第2―　106
シロアリ　40, 43
　―亜科　54
　―科　47, 62
　―上科　44
　―目　44
　働き―　50
　兵隊―　50
皺構造　133
人為選択　→選択
進化可能性　172-173
進化生態学　→生態学
進化促進因子　172

進化発生学　→発生学
進化論　163
新規性　16
神経堤細胞　145
神経伝達物質　146, 156-157, 159
神経分泌器官　72
真社会性　→社会性
真正細菌　48（コ）
腎臓　138
新変態　→変態
膵臓　76
睡眠薬　146
巣口　54
ストレスホルモン　84
スニーカー　128-129
　―戦略　33, 128
スピロヘータ　142
巣分かれ　51
座りダコ　166
性　121
生活環　1, 89（図）
生活史　1, 51, 87, 93（コ）
　―戦略　129
性決定　31, 122-124, 134
　―遺伝子　116
　―カスケード　134
　遺伝的―　122
　温度依存的―　122-124, 137
　環境依存的―　122
性差　122
精子形成　93（コ）
静止脱皮　→脱皮
精子網　137
成熟分裂　97
成熟優位説　154
生殖隔離　2
生殖器［官］　99
　雌性―　138, 151
　雄性―　138
生殖腺　123
性腺刺激ホルモン　→ホルモン

精神疾患　159
性腺刺激ホルモン放出ホルモン　→ホルモン
性染色体　97, 121, 123, 137
性選択　→選択
精巣　116
生体アミン　159
生態学　1
　進化―　2, 6（図）
　群集―　2
　個体群―　2
　分子―　3
生態発生学　→発生学
成虫原基　71
成虫脱皮　→脱皮
成長　46（コ）
性的二型　121-138
生得説　154
生得的　159
性比　122
性フェロモン　→フェロモン
性ホルモン　→ホルモン
生理活性因子（物質）　139, 157
赤筋　34
セグメントポラリティ遺伝子　17
セスキテルペン　72
世代の重複　49（コ）
赤血球　119
接合　121
　―子　121
節足動物門　105
切迫流産防止剤　151
ゼリー層　140
セルトリ細胞　138
セルラーゼ　48（コ）
セルロース　48（コ）, 55
セレブロン　143
セロトニン　85, 157, 159
　―・トランスポーター　84
線維芽細胞成長因子　143
前額突起　70

前額部　70
前脚　102
前胸腺刺激ホルモン　→ホルモン
漸進説　173
選択　2, 162, 163-164, 168, 172
　異性間—　126（コ）
　自然—　2, 4, 164, 165
　人為—　169
　性—　2, 4, 125, 164
　同性内—　126（コ）
　配偶者—　125, 126（コ）, 164
選択的スプライシング　116, 134
線虫　83, 116
前適応　173
先天性異常　140, 141（図）
先天性奇形　140
先天性欠損症　140
先天性トキソプラズマ症　142
先天性風疹症候群　141
先天性水俣病　144
先天的　159
セントラルドグマ　9, 10（コ）
全能性　38
前兵隊　51, 61
前変態　→変態
前蛹期　127
早期二分岐型　47, 52, 61-62
双極性障害　159
走査電子顕微鏡　68
双翅目　109
相対成長　19, 128
相同遺伝子　113
相同性　16
相変異　31
速筋　34
側心体　72, 73（図）
促進的変異理論　172
ソシオゲノミクス　6, 81-82
組織切片　90
ソラマメ　90
ソラマメヒゲナガアブラムシ　89

ソルジャー　50, 61
　プレ—　51, 61, 67, 69

《た行》
ダーウィニズム　28, 163-164
ダイオキシン　152
耐久卵　107（図）, 115
胎教　158
退行脱皮　→脱皮
大歯型　131
胎児期　136, 140
胎児性アルコール症候群　145
大豆イソフラボン　→イソフラボン
胎生　93（コ）, 106
　—単為生殖［世代］　88, 90, 94, 96, 97, 99
　卵—　106
体節　105
　—数　162
腿節　77
大腸菌　24
大脳皮質　144
ダチョウ　166
脱皮　67（コ）, 87
　—液　67（コ）
　—線　68（コ）
　—ホルモン　67（コ）, 72
　蛹—　67（コ）
　静止—　63, 74
　成虫—　67（コ）
　退行—　63
　幼虫—　46（コ）, 67（コ）
タバコスズメガ　169, 170（図）
多発性近位尿細管機能異常症　144
ダブルセックス遺伝子　116
タマミジンコ　118
タマワタムシ亜科　102
単為生殖　93（コ）, 97, 106, 115
　—世代　107（図）
　—胚　99-100
　胎生—［世代］　→胎生

短歯型　131
単純ヘルペスウイルス　142
淡水止水生態系　118
単数倍数性　51（コ）
断続平衡説　173
単独性　49（コ）
地衣類　52, 56
置換生殖虫　52（コ）, 61-62
遅筋　34
乳首　137
乳探し反射　→反射
窒素固定細菌　55
チャクマヒヒ　168
中間筋　34
長歯型　131
直立２足歩行　171
直列型　52, 61
貯精嚢　51（コ）
チロシナーゼ　31
ツールキット遺伝子　18, 77, 78（コ）, 128
ツノアブラムシ族　103
角原基　127
テイオウゼミ　42
低温短日条件　96-97, 163
低酸素状態　118-119
ディスプレイ　125
ディファレンシャルディスプレイ法　10-11, 94
適応　2
　―的な可塑性　161-162
　―放散　47
テストステロン　31, 84, 123, 150
テトラサイクリン　146
デノボ・アセンブリー　12-14
テルペン　66
テングシロアリ亜科　54, 70, 78
テングシロアリ属　58, 137
転写　10（コ）
　―因子　18, 78（コ）, 94, 101
　―制御領域　17

転節　77
テントウムシ　102
統合　171
統合失調症　159
トウゴロウイワシ　123
等翅目　44
同性内選択　→選択
ドーパミン　156, 159
トキソプラズマ原虫　142
トゲオオハリアリ　65
土壌動物　43
トッププレデター　150
トドノネオオワタムシ　88
トビムシ　46（コ）
トランスクリプトーム　12
トランスジェニック生物　14
トレードオフ　111-113, 128-130, 171

《な行》
内分泌因子　72
内分泌攪乱　118
　―物質　139, 147-152
内分泌機構　116
夏型　36
軟骨化症　144
ニコチン　145
日本アブラムシ研究会　104
尿管　138
妊娠と薬情報センター　147
認知行動　157
ニンフ　51
ネクローシス　92（コ）
ネックティース　29, 109-112, 163, 171
熱ショックタンパク　172
ネブトクワガタ　130
脳幹　155
ノープリウス　105
ノコギリクワガタ　130-131
ノコギリシロアリ科　47
ノニルフェノール　152

《は行》
把握反射　→反射
ハーレム　32
バイオインフォマティクス　12, 104
バイオリンムシ　42
胚期　140
配偶者選択　→選択
倍数性　51（コ）
バイソラックス　167
　―突然変異体　167
梅毒トレポネーマ　142
胚発生　22, 93（コ）, 100, 136
ハエ目　109
ハクウンボクハナフシアブラムシ　103
白筋　34
バクテリア　48（コ）, 124, 139
運び屋　56
ハシリハリアリ属　53（コ）
パターン形成因子　77
働きアリ　158
働きシロアリ　→シロアリ
発生学　22-24
　進化―　4, 6（図）, 15-21
　生態―　4-5, 6（図）, 15-16, 139
　比較―　16
発生拘束　162
発生生物学　22-24
パニック障害　159
翅　87
　―原基　90, 99
　―多型　89-95, 162
バビンスキー反射　→反射
パラサイト説　126（コ）
パラシュート反射　→反射
ハリアリ　53（コ）
春型　36
バルプロ酸　146
半翅目　87
反射　157
　共鳴―　155
　原始―　155

　乳探し―　155
　把握―　155
　バビンスキー――　155, 156（図）
　パラシュート―　155, 156（図）
　モロー――　155, 156（図）
　ルーティング―　155, 156（図）
半社会性　→社会性
繁殖　46（コ）
　―カースト　→カースト
　―制御ホルモン　81
　―成功度　84
　―戦略　128
　―多型　114-117
　―的グランドプラン仮説　85-86
　―分業　→分業
繁殖虫　79, 158
ハンセン病　143
ハンディキャップ説　126（コ）
反応基準　26　→リアクション・ノーム
　も参照
比較発生学　→発生学
ヒキガエル　149
飛蝗　31
尾刺　171
ヒシムネカレハカマキリ　42
飛翔筋　87, 90-91, 99
ビスフェノールA　152
非適応的な可塑性　161-162
ヒト　116, 139
泌尿器系　138
ビバーク　53（コ）
非繁殖カースト　→カースト
ヒマヤラウサギ　31
非モデル生物　14
表現型　4
　―可塑性　4, 25, 36, 87, 103, 105, 119, 121, 125, 127, 131, 148, 161
　―順応　168-171
　―多型　25, 36-37, 87, 101, 103, 105, 125, 127, 161
　―統合　171-172

拡張された— 28
ヒラタアブ 102
ヒラタアブラムシ亜科 102
ヒラタクワガタ 130
ピリプロキシフェン 66, 73（図）
不安障害 159
風疹 141-142
　　—ウイルス 141-142
フウセンガエル 149
フェロモン 55（コ）, 80
　　警報— 55（コ）, 102
　　集合— 55（コ）
　　性— 55（コ）
　　兵隊分化抑制— 55（コ）, 81
　　プライマー・— 55（コ）, 80
　　道しるべ— 54, 55（コ）
　　リリーサー・— 55（コ）, 80
フォルスポジティブ 11
不完全変態［昆虫］ →変態
武器形質 66
複眼 129-130, 171
副女王 →女王
輻輳説 154
フクロワムシ 29
フサカ 108-113
　　—水 110, 114
フジ型 131
フジツボ 29
ふ節 77
付属肢 77
　　口器— 130
フタバガキ科 52-53
フタル酸化合物 152
ブチハイエナ 136
物質関連障害 159
フトアゴヒゲトカゲ 123-124, 口絵7
不妊カースト →カースト
ブフネラ 101
不変態 →変態
普遍文法 158
浮遊性 108

浮遊生物 119-120
プライマー・フェロモン →フェロモン
プラバスタチン 146
プランクトン 108, 119
プレソルジャー →ソルジャー
プログラム細胞死 92（コ）
プロテアーゼ 103
分解者 43
分化運命 60
分業 102, 158
　　—システム 59
　　繁殖— 49, 50
分散 46（コ）
分子系統学 3
分子社会生物学 →社会生物学
分子生態学 →生態学
分子生物学 3
分巣 51
糞虫 76, 171
分蜂 52（コ）
ペアルール遺伝子 17
兵隊アブラムシ →アブラムシ
兵隊カースト →カースト
兵隊額腺突起 78
　　—原基 71
兵隊シロアリ →シロアリ
兵隊分化抑制フェロモン →フェロモン
ヘキサメリン 75
ヘテロクロニー 19, 20（図）
ヘテロトピー 21
ヘマトキシリン 58
ヘミセルロース 48（コ）
ヘモグロビン 118
ヘモリンフ 68
ベラ 32
ヘルパー個体 49
ヘルメット 163
変異 121, 163
辺縁系 155
変態 45（コ）, 67（コ）
　　完全—［昆虫］ 44, 45-46（コ）, 67

（コ）
　　新— 47（コ）
　　前— 46（コ）
　　不— 46（コ）
　　不完全—［昆虫］44, 45-46（コ）, 60,
　　　　93（コ）
　　無— 46（コ）
鞭毛虫 48（コ）
保育 137
　　—行動 102
　　—細胞 100
防衛個体 102
防御形態 120
傍分泌因子 78（コ）
ボールドウィン効果 28, 157, 165-166
補充生殖虫 51, 52（コ）, 61
捕食圧 114
捕食寄生者 102
捕食者 102, 108
母性因子 17
母性効果 84
ホッピング運動 106
ボディプラン 5, 16, 18, 140
哺乳類（哺乳綱）137
ポプララセンワタムシ 101
ポリオ 168
ボルネオオオカブト 42
ボルバキア 124
ホルモン 72
　　—剤 146
　　抗ミュラー菅— 138
　　性腺刺激— 138
　　性腺刺激ホルモン放出— 84, 138
　　性— 123, 138, 147, 150-151
　　前胸腺刺激— 67（コ）
　　脱皮— →脱皮
　　幼若— →幼若ホルモン
本能行動 157
翻訳 10（コ）

《ま行》
マイクロアレイ法 11-12, 94
マイナーワーカー →ワーカー
マイマイガ 136
膜翅目 85
　　社会性— →社会性
マクロ生物学 1
負け癖 84
マスターコントロール遺伝子 85
麻薬 146
ミオグロビン 34
ミクロ生物学 3
ミジンコ 29, 105-120, 153, 162, 171, 口
　　絵 6
　　—属 105, 162
　　—目 105
ミゾガシラシロアリ科 47, 62
道しるべフェロモン →フェロモン
ミツバチ 85
ミトコンドリア 34
水俣病 143
　　胎児性— 144
ミヤマクワガタ 130-131
ミュラー菅 138, 151
ムカシシロアリ科 47, 62
ムカデ 65, 162
無翅型 87, 89-95
虫こぶ 102
無変態 →変態
メジャーワーカー →ワーカー
メス化 124
雌ヘテロ［型］121, 122（図）
メタゲノム 55
芽だし 90
メタリフェルホソアカクワガタ 132-
　　136, 口絵 8, 口絵 9
メチル化 172　→DNA のメチル化も
　　参照
メチル水銀 143
メチルファルネソエイト 113, 115-118
メラニン 24, 31

免疫応答 160
メンデル遺伝 4
モジュール性 18-19, 171
モデル実験生物 9
モノアミンオキシダーゼA 156
モノアミン酸化酵素 156
モルフ 87, 131
モロー反射 →反射
モンゼンイスアブラムシ 103

《や行》
ヤギ →2本足のヤギ
薬害問題 142
薬物中毒 159
ヤマトシロアリ 43, 60, 65
有翅型 87, 89-95
有翅昆虫 87
有翅虫 50, 51, 60, 61-62, 79, 88
有性生殖 93（コ）, 99, 121, 125
　―世代 97, 163
　―胚 99-100
　卵生― 96
雄性生殖器 →生殖器［官］
有袋類 140
誘導防御 108-110, 162
ユキムシ 88, 96
ユビキチンリガーゼ 143
蛹化 69
葉酸 146
幼若ホルモン 33, 66, 72-75, 95, 96, 113, 115, 117, 128, 133-135, 137, 170
　―類似体 61, 65-66, 72, 115, 134-135
幼生期 111
幼虫脱皮 →脱皮
用不用説 164

《ら行》
ライフサイクル 51
ラジオイノムエッセイ 74
ラット 83
ラマルキズム 28, 164-165

卵黄 93（コ）, 140
卵殻 140
卵形成 100, 116
ランゲルハンス島 76
卵細胞 100
卵生有性生殖 →有性生殖
卵巣 107, 116
　―グランドプラン仮説 85
　―発達 94
卵胎生 →胎生
ランナウェイ説 126（コ）
卵嚢 137
リアクション・ノーム 25-27, 107, 114, 152-153, 162-163, 165-166, 170
リアルタイム定量PCR法 77, 96, 113
リグニン 48（コ）
リボソーム 10（コ）
両生類 148
量的形質座位マッピング 15
リリーサー・フェロモン →フェロモン
臨界期 158
リン酸化酵素 142
ルーティング反射 →反射
齢間 46（コ）
レイビシロアリ科 47, 62, 73, 80
レチノイド 148-149
レチノイン酸 146, 148
　―受容体 149
連携 171
六脚類 46（コ）
濾胞細胞 100

《わ行》
ワーカー 50, 51, 158
　偽― 60
　マイナー― 50
　メジャー― 50, 53（コ）
ワーファリン 146
ワクチン 146
渡瀬線 64
ワムシ 29

三浦　徹（みうら　とおる）

1999年　東京大学大学院理学系研究科博士課程修了、博士（理学）
1999年　日本学術振興会特別研究員（PD）
2000年　東京大学大学院総合文化研究科　助手
2004年　北海道大学大学院地球環境科学研究科　助教授
　　　　（2007年に准教授に職名変更）
現　在　北海道大学大学院地球環境科学研究院　准教授

著　書　（いずれも分担執筆による共著）『エコゲノミクス―遺伝子からみた適応』（共立出版）、『ベーシックマスター発生生物学』（オーム社）、『シリーズ21世紀の動物科学』（培風館）、『動物の科学』（放送大学教育振興会）、『生物界の変遷―新しい進化生物学入門』（同）、『社会性昆虫の進化生物学』（海游舎）、『シロアリの事典』（海青社）ほか

日本評論社ベーシック・シリーズ＝NBS

シリーズ 進化生物学の新潮流
表現型可塑性の生物学　　生態発生学入門
（ひょうげんけいかそせいのせいぶつがく　せいたいはっせいがくにゅうもん）

2016年6月25日　第1版第1刷発行

著　者―――三浦　徹
発行者―――串崎　浩
発行所―――株式会社 日本評論社
　　　　　　〒170-8474 東京都豊島区南大塚3-12-4
電　話―――03-3987-8621（販売）-8598（編集）
振　替―――00100-3-16
印刷所―――平文社
製本所―――井上製本所
装　幀―――図工ファイブ

検印省略　©Toru Miura 2016　　　　ISBN 978-4-535-80657-3　Printed in Japan

JCOPY ＜(社)出版者著作権管理機構 委託出版物＞
本書の無断複写は著作権法上での例外を除き禁じられています。複写される場合は、そのつど事前に、(社)出版者著作権管理機構（電話 03-3513-6969、FAX 03-3513-6979、e-mail: info@jcopy.or.jp）の許諾を得てください。また、本書を代行業者等の第三者に依頼してスキャニング等の行為によりデジタル化することは、個人の家庭内の利用であっても、一切認められておりません。

日評ベーシック・シリーズ

シリーズ
進化生物学の新潮流

生命進化のシステムバイオロジー
進化システム生物学入門
田中 博[著] ●A5判／本体2,400円＋税／ISBN 978-4-535-80656-6

生命科学における"グランドセオリー"を目ざして
DNAやタンパク質など分子情報を網羅的に調べていれば良い時代は終わった。
それら分子の「ネットワーク」の構造変化を進化的時間スケールでとらえる
進化システム生物学の登場は、生命科学研究に新たなパラダイムをもたらす。

老化という生存戦略
進化におけるトレードオフ
近藤祥司[著] ●A5判／本体2,400円＋税／ISBN 978-4-535-80654-2

「老化進化論」から読み解くヒトの健康・病気
「老化」は、なぜ進化の過程で除去されてこなかったのだろうか。
病気を進化的視点から取り上げるダーウィン医学と老化医学との融合をはかり、
進化のかげで人類が受け入れた、老化という「トレードオフ」の可能性をさぐる。

表現型可塑性の生物学
生態発生学入門
三浦 徹[著] ●A5判／本体2,500円＋税／ISBN 978-4-535-80657-3

「生まれつき」の性質は、環境しだいで変化する
一卵性双生児でも異なる性格に育つのは、なぜ「当たり前」なのだろうか。
社会性昆虫が、働きアリと女王アリに「分業」する仕組みが、ヒントになる。
生物のもつ柔軟性＝「表現型可塑性」を手がかりに、生物進化の謎に挑む。

●続刊予定

ウイルス共進化　生物進化の隠れた立役者──ウイルス
朝長啓造、宮沢孝幸 ほか[著] ●A5判／予価2,200円＋税

日本評論社